职业教育示范性规划教材

PLC 技术与应用
（三菱机型）——项目教程

纪青松　唐　莹　编著

U0256415

电子工业出版社

Publishing House of Electronics Industry

北京·BEIJING

内 容 简 介

本书以三菱 FX2N 系列 PLC 为样机，在系统介绍 PLC 软、硬件的基础上，通过具体控制项目介绍 PLC 控制系统的设计、安装和调试。本书运用编程软件 FXGPWIN 编写程序，项目之间遵循由简单到复杂的原则，每一个项目的"程序编写"环节都分步骤编写，更加有利于读者对程序的理解；另外，在具体项目顺序及任务的安排上，将 PLC 基本逻辑指令的学习贯穿于项目之中，从而保证了各项任务学习内容的针对性和多项任务完成后所涉及的知识的相对系统性。

本书可作为职业院校相关专业的教材，也可作为电气工程师及爱好者自学和参考用书。

为了方便教师教学，本书还配有电子教学参考资料包（包括教学指南、电子教案、习题答案），详见前言。

图书在版编目（CIP）数据

PLC 技术与应用（三菱机型）项目教程 / 纪青松，唐莹编著. —北京：电子工业出版社，2013.1
职业教育示范性规划教材

ISBN 978-7-121-19303-3

Ⅰ. ①P… Ⅱ. ①纪…②唐… Ⅲ. ①plc 技术—中等专业学校—教材 Ⅳ. ①TM571.6

中国版本图书馆 CIP 数据核字（2012）第 304021 号

策划编辑：靳　平
责任编辑：康　霞
印　　刷：北京虎彩文化传播有限公司
装　　订：北京虎彩文化传播有限公司
出版发行：电子工业出版社
　　　　　北京市海淀区万寿路 173 信箱　　邮编　100036
开　　本：787×1 092　1/16　印张：10　字数：256 千字
版　　次：2013 年 1 月第 1 版
印　　次：2025 年 2 月第 14 次印刷
定　　价：22.00 元

凡所购买电子工业出版社图书有缺损问题，请向购买书店调换。若书店售缺，请与本社发行部联系，联系及邮购电话：（010）88254888，88258888。

质量投诉请发邮件至 zlts@phei.com.cn，盗版侵权举报请发邮件至 dbqq@phei.com.cn。

本书咨询联系方式：（010）88254592，bain@phei.com.cn。

职业教育示范性规划教材

编审委员会

出 版 说 明

　　为进一步贯彻教育部《国家中长期教育改革和发展规划纲要（2010—2020）》的重要精神，确保职业教育教学改革顺利进行，全面提高教育教学质量，保证精品教材走进课堂，我们遵循职业教育的发展规律，本着"着力推进教育与产业、学校与企业、专业设置与职业岗位、课程教材与职业标准、教学过程与生产过程的深度对接"的出版理念，经过课程改革专家、行业企业专家、教研部门专家和教学一线骨干教师的共同努力，开发了这套职业教育示范性规划教材。

　　本套教材采用项目教学和任务驱动教学法的编写模式，遵循真正项目教学的内涵，将基本知识和技能实训融合为一体，且具有如下鲜明的特色：

　　（1）面向职业岗位，兼顾技能鉴定

　　本系列教材以就业为导向，根据行业专家对专业所涵盖职业岗位群的工作任务和职业能力进行分析，以本专业共同具备的岗位职业能力为依据，遵循学生认知规律，紧密结合职业资格证书中的技能要求，确定课程的项目模块和教材内容。

　　（2）注重基础，贴近实际

　　在项目的选取和编制上充分考虑了技能要求和知识体系，从生活、生产实际引入相关知识，编排学习内容。项目模块下分解设计成若干任务，任务主要以工作岗位群中的典型实例提炼后进行设置，注重在技能训练过程中加深对专业知识、技能的理解和应用，培养学生的综合职业能力。

　　（3）形式生动，易于接受

　　充分利用实物照片、示意图、表格等代替枯燥的文字叙述，力求内容表达生动活泼、浅显易懂。丰富的栏目设计可加强理论知识与实际生活生产的联系，提高了学生学习的兴趣。

　　（4）强大的编写队伍

　　行业专家、职业教育专家、一线骨干教师，特别是"双师型"教师加入编写队伍，为教材的研发、编写奠定了坚实的基础，使本系列教材符合职业教育的培养目标和特点，具有很高的权威性。

　　（5）配套丰富的数字化资源

　　为方便教学过程，根据每门课程的内容特点，对教材配备相应的电子教学课件、习题答案与指导、教学素材资源、教学网站支持等立体化教学资源。

　　职业教育肩负着服务社会经济和促进学生全面发展的重任。职业教育改革与发展的过程，也是课程不断改革与发展的历程。每一次课程改革都推动着职业教育的进一步发展，从而使职业教育培养的人才规格更适应和贴近社会需求。相信本系列教材的出版对于职业教育教学改革与发展会起到积极的推动作用，也欢迎各位职教专家和老师对我们的教材提出宝贵的建议，联系邮箱：jinping@phei.com.cn。

电子工业出版社

前　　言

可编程序控制器（PLC）是 20 世纪 60 年代发展起来的一种以微处理器为基础的通用工业控制装置，是自动化系统中的关键设备，广泛应用于机电一体化、工业自动化控制等领域。它具有功能强大、环境适应性好、编程简单、使用方便等优点。目前在中等职业学校的机电、电气类等专业，PLC 应用技术已被列为重要的专业课程。

PLC 技术是一门实践性很强的技术，目前有关 PLC 的教材大多偏重理论，对于实践应用的介绍较少，不利于中等职业学校学生或初学者学习。本书精选了在实际生产中典型的案例，以项目为引领，任务为驱动，通过对案例的原理分析、电路安装、程序分析、调试运行等步骤，详细介绍了如何应用 PLC 技术实现对工业要求的控制。尤其在程序设计上，编者独具匠心，分别采用了梯形图、指令，以及 SFC 等编程方法，并且针对中职学生的特点，在程序编写上采用分步编写的方式，这样更利于学生阅读程序，从而更容易掌握程序的编写。

本书分为九个项目。项目一为 PLC 概述，介绍了 PLC 的特点、分类、组成、原理及应用；项目二介绍了运用编程软件 FXGPWIN 编写梯形图及 SFC 的方法；项目三至项目九均为生产实际中的典型案例，每个项目都按照"列输入/输出分配表—安装电路—编写程序—向 PLC 传入程序—调试运行"等步骤进行，通过每一个完整运用 PLC 设计项目的流程，让读者能较为熟练地掌握 PLC 控制系统的设计、安装和调试的方法。项目之间遵循由简单到复杂的原则，每一个项目的"程序编写"环节都分步骤编写，更有利于读者对程序的理解；另外，在具体项目安排的顺序及任务的安排上，将 PLC 基本逻辑指令的学习贯穿于项目之中，从而保证了各项任务学习内容的针对性和多项任务完成后所涉及的知识的相对系统性。

本教材计划学时数为 72 学时，参考学时表如下，各学校可根据具体情况进行调整。

项　目	教学内容	课　时
项目一	可编程序控制器（PLC）概述	4
项目二	编程方法简介	8
项目三	PLC 控制工位呼叫单元	6
项目四	PLC 控制物料报警系统	8
项目五	PLC 控制密码锁装置	6
项目六	PLC 控制电动机运行的典型实例	12
项目七	电镀槽生产线的 PLC 控制	6
项目八	PLC 控制物料传送与分拣系统	8
项目九	柔性加工系统的设计	14

本书由纪青松负责全书的统稿工作，参加编写的还有唐莹、丁明云、朱延、史旭。在编著过程中，参阅了大量相关的书籍和资料，另外在编写中得到了程周老师、李乃夫老师、过幼南老师的指导，他们对本书的课程体系及项目内容的选择都提出了宝贵的意见，在此表示衷心的感谢。

由于编写时间仓促，加之编著者水平有限，书中难免存在不妥甚至错误之处，敬请广大读者批评指正。

为了方便教师教学，本书还配有电子教学参考资料包（包括教学指南、电子教案、习题答案），请有此需要的教师登录华信教育资源网（http://www.hxedu.com.cn）下载。

编著者

目　录

项目一　可编程序控制器（PLC）概述

　　可编程序控制器是在继电器控制技术和计算机控制技术的基础上开发出来的，并逐渐发展成为以微处理器为核心，把自动化技术、计算机技术、通信技术融为一体的新型工业自动控制装置。可编程序控制器虽然出现的时间还不是很长，但其发展的势头锐不可当，几乎每年都推出不少新品种。下面做一些简单介绍。

任务一　可编程序控制器的定义和特点

一、可编程序控制器的定义

　　可编程序控制器，是以微处理器为基础，综合了计算机技术、自动控制技术和通信技术而发展起来的一种新型、通用的自动控制装置。为了和个人计算机区分，把可编程序控制器缩写为 PLC。

　　可编程序控制器一直在发展中，因此到目前为止，尚未对其下最后定义。

二、可编程序控制器的特点

　　工业生产是复杂多变的，而可编程序控制器之所以能够实现各种控制要求，是因为它具有以下特点。

　　1. 通用性强，使用方便

　　可编程序控制器全是系列化生产的，不同的系列都有各自的系列化产品。它的硬件结构基本上是模块式的。用户可以根据控制要求的需要灵活选用合适的 PLC 产品。

　　2. 功能强，适应面广

　　PLC 的功能很强大，除了基本的逻辑、计数、定时、顺序控制功能外，还具有各种扩展单元以实现点位控制、数字控制等控制要求。

3．可靠性高，抗干扰能力强

PLC 生产厂商在软件和硬件上采用了屏蔽、滤波、光电隔离等一系列抗干扰措施，使其能够直接在工业生产现场稳定地工作。目前，一般 PLC 的平均无故障时间约达 5 万小时。另外，PLC 还具有完善的自诊断功能，维修人员可以通过这个功能准确、迅速地查找和判断，使得维修工作很方便。

4．编程方法简单，容易掌握

PLC 的程序编写通常采用梯形图语言，该方法与继电器电路十分相似，直观易懂，不需要专门的计算机知识，更便于广大编程技术人员掌握。近年来，PLC 编程又生成了顺序控制流程图语言（Sequential Function Chart），简称功能图，使编程更加简洁方便。

5．体积小，重量轻，功耗低

PLC 结构紧密，体积小巧，很容易装入机械设备内部，是专为工业控制而设计的。

基于以上几个特点，使得 PLC 的应用范围非常广泛。

任务二 可编程序控制器的分类及应用

随着计算机技术、电子技术、通信技术的飞速发展，目前，PLC 种类繁多，型号各异。PLC 一般可按容量、结构形式及功能进行分类。

一、可编程序控制器的分类

1．按容量分类

PLC 的容量主要是指 PLC 的输入/输出（I/O）点数。按 I/O 总点数可分为小型、中型和大型三类。

1）小型 PLC

小型 PLC 的 I/O 点数为 256 点以下，其中 I/O 点数小于 64 点的为超小型或微型 PLC。

2）中型 PLC

I/O 点数在 256～2048 点之间的为中型 PLC。

3）大型 PLC

I/O 点数超过 2048 点的为大型 PLC，其中 I/O 点数超过 8192 点的为超大型 PLC。

这种分类界限并不是固定不变的，它会随着 PLC 的后期发展而变化。

2．按结构形式分类

按结构形式的不同，PLC 主要可分为模块式和整体式。

1）模块式 PLC

模块式结构的 PLC 由一些标准模块单元组成，如电源模块、输入模块、输出模块、CPU 模块等。其配置很灵活，装配方便，利于扩展和维修。模块式 PLC 由用户自行选择所需要的模块，安插在机架或基板上。目前，小型、中型及大型的 PLC 常采用这种模块化结构。

2）整体式 PLC

整体式结构又称为箱式结构，它的特点是将电源模块、CPU 模块、输入模块及输出模块等基本部件紧凑地安装在一个机箱内，构成一个整体，组成一个基本单元（主机）或扩展单元。各单元的输入点与输出点的比例是固定的，有的 PLC 有全输入型和全输出型的扩展单元。这种机构的体积很小，成本较低，安装也方便，微型 PLC 采用这种结构形式的比较多。

3．按功能分类

按功能不同，PLC 可以分为低档、中档及高档三类。

1）低档机

低档机通常具有逻辑运算、计时、计数、移位、自诊断、监控等基本功能，还可能具有少量的模拟量输入/输出、算术运算、数据传送与比较、远程 I/O、通信等功能。

2）中档机

除具有低档机的功能外，还具有较强的模拟量输入/输出、算术运算、数据传送与比较、数据转换、远程 I/O、子程序、通信联网等功能，另外还可能增设中端控制、PID 控制等功能。

3）高档机

除具有中档机的功能外，还有符号运算（32 位双精度加、减、乘、除及比较）、矩阵运算、位逻辑运算（置位、清除、右移、左移）、平方根运算及其他特殊功能函数的运算，以及表格传送及表格功能等。另外，高档机还具有更强的通信联网功能，可用于大规模过程控制，构成全 PLC 的分布式控制系统或整个工厂的自动化网络。

二、可编程序控制器的应用

目前，PLC 在国内外已广泛应用于钢铁、化工、电力、石油、汽车、建材、交通运输、环保等各个行业，同时在冶金、化工、锅炉控制等场合都有非常广泛的应用。

随着 PLC 功能的日益完善，以及性价比的不断提高，PLC 的应用大致可以分为以下几类。

1）开关量逻辑控制

开关量逻辑控制有时又称为顺序控制，这是 PLC 最基本、也是目前应用最广泛的领域，它取代了传统的继电-接触器控制电路，能够实现逻辑控制、顺序控制，既可用于单台设备的控制，也可用于多机群控及自动化流水线，如磨床、电镀流水线等，也可广泛用于各种机械、机器人、电梯等。

2）运动控制

PLC 可以用于圆周运动或直线运动的控制。目前 PLC 制造商已提供了拖动步进电动机或伺服电动机的单轴或多轴位置控制模块。在多数情况下，PLC 把描述目标位置的数据送给模块，模块移动一轴或数轴到目标位置，当每个轴移动时，位置控制模块保持适当的速度和加速度，确保运动平滑。

3）过程控制

过程控制是指对温度、压力、流量等连续变化模拟量的闭环控制，所以有时又称为闭环过程控制。PLC 通过模拟量 I/O 模块，实现模拟量和数字量之间的 A/D、D/A 转换，并对模拟量进行闭环 PID 控制。当控制过程中某个变量出现偏差时，PID 控制算法会计算出正确的输出，把变量保持在设定值上。PID 算法一旦适应了工艺，就会不管工艺的混乱而保持设定值。

4）数据处理

现代 PLC 具有数学运算（含矩阵运算、函数运算、逻辑运算）、数据传送、排序、查表、位操作等功能，可以完成数据的采集、分析及处理。这些数据可以通过通信接口传送到其他智能装置上。数据处理一般用于大型控制系统，如无人控制的柔性制造系统，也可用于过程控制系统，如造纸、冶金、食品工业中的一些大型控制系统。

5）通信联网

PLC 的通信包括 PLC 相互之间、PLC 与上位机、PLC 与其他智能设备之间的通信。随着计算机控制的发展，工厂自动化网络发展很快，各 PLC 厂商都十分重视 PLC 的通信功能，以满足工厂自动化系统发展的需要。

任务三　可编程序控制器的组成及其作用

一、可编程序控制器的基本组成

可编程序控制器的种类虽然繁多，且性能各异，但在硬件组成的原理上，几乎所有的可编程序控制器都具有相同或相似的结构。其实质上是一种工业控制计算机，采用了典型的计算机结构，只不过它比一般的计算机具有更强的与工业过程相连接的接口和更直接的适应于控制要求的编程语言，所以可编程序控制器与计算机的组成十分相似。

1. PLC 的硬件组成

从硬件结构上看，PLC 也有中央处理器（CPU）、存储器、输入/输出接口电路、电源、编程器，以及一些扩展模块，如图 1-1 所示。

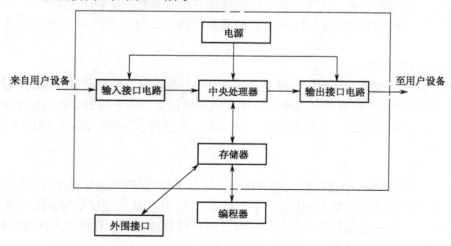

图 1-1　PLC 的硬件组成图

2. PLC 的软件组成

仅有硬件是不能构成 PLC 的，还需要软件系统的支持来共同构成 PLC。PLC 的软件系统由系统程序和用户程序两大部分组成。

1）系统程序

系统程序由 PLC 的制造企业编制，固化在 PROM 或 EPROM 中，安装在 PLC 上，随产品提供给用户，用于控制 PLC 本身的运行。系统程序包括系统管理程序、用户指令解释程序和供系统调用的标准程序模块等。

由于通过改进系统程序可以在不改变硬件系统的情况下大大改善 PLC 的性能，因此系统程序也在不断升级和完善。

2）用户程序

用户程序是根据生产过程控制的要求由用户使用制造企业提供的编程语言自行编制的应用程序。用户程序包括开关量逻辑控制程序、模拟量运算程序、闭环控制程序和操作站系统应用程序等，它是用梯形图或某种 PLC 指令的助记符编制而成的，可以是梯形图、指令表、高级语言、汇编语言等，其助记符形式随 PLC 的型号而略有不同。用户程序是线性地存储在监控程序指定的存储区间内的，它的最大容量也是由监控程序限制的。

二、各组成部分的作用

1．中央处理器

PLC 的中央处理器与一般的计算机控制系统一样，是整个系统的核心。它的主要任务如下。

（1）控制从编程器输入的用户程序和数据的接收与存储。

（2）用扫描的方式通过输入/输出单元接收现场的状态或数据，并存入输入映象存储器或数据存储器中。

（3）诊断电源、PLC 内部电路的工作故障和编程中的语法错误等。

（4）PLC 进入运行状态后，从存储器逐条读取用户指令，经过命令解释后按指令规定的任务进行数据传送、逻辑或算术运算等。

（5）根据运算结果，更新有关标志位的状态和输出映象存储器的内容，再经输出单元实现输出控制、制表打印或数据通信等功能。

PLC 中采用的 CPU 随机型的不同而有所不同，通常有通用处理器（如 8086、80286 等）、单片机芯片（如 8031、8096 等）、位片式微处理器（如 AMD-2900 等）3 种。随着芯片技术的不断发展，PLC 所用的 CPU 芯片也越来越高档。

2．存储器

存储器是具有记忆功能的半导体电路，用于存储系统程序、用户程序、逻辑变量、系统组态等信息。PLC 配有系统存储器和用户存储器。

1）系统存储器

系统存储器用于存放系统管理程序，用户存储器用于存放用户设计、编辑的应用程序，并固化在 ROM 内，用户不能直接更改。系统程序质量的好坏，很大程度上决定了 PLC 的性能，其内容主要包括三个部分。第一部分为系统管理程序，它主要控制 PLC 的运行；第二部分为用户指令解释程序，将 PLC 的编程语言变为机器语言指令，再由 CPU 执行这些指令；第三部分为标准程序模块与系统调用，它包括许多不同功能的子程序及其调用管理程序。PLC 的具体工作都是由这部分程序来完成的。

2）用户存储器

用户存储器的容量和内部器件数是反映 PLC 性能的重要指标之一，它包括用户程序存储器（程序区）和用户功能存储器（数据区）两部分。用户程序存储器用来存放用户针对具体控制任务用规定的 PLC 编程语言编写的各种用户程序。用户程序存储器根据所选用的存储器单元类型的不同，可以是 RAM（有掉电保护）、EPROM 或 EEPROM 存储器，其内容可以由用户任意修改或增删，而用户功能存储器是用来存放（记忆）用户程序中使用的 ON/OFF 状态、数值数据等的。

3．输入/输出单元

实际生产中的电平是多样的，外部执行机构所需的电平也不同，而 PLC 所处理的信号只能是标准电平，因此通过输入/输出单元实现这些信号电平的转换。PLC 的输入/输出单元实际上是 PLC 与被控对象之间传送信号的接口部件。

1）输入接口电路

为防止各种干扰信号和高电压信号进入 PLC，现场输入接口电路一般由 RC 滤波器消除输入端的抖动和外部噪声干扰，由光电耦合器（由发光二极管和光电三极管组成）进行隔离。输入接口用来接收和采集两种类型的输入信号，一类是由按钮、选择开关、光电开关、行程开关等开关量输入信号；另一类是由电位器、测速发电机和各种变送器等模拟量输入信号。

2）输出接口电路

输出接口用来连接被控对象中的各种执行元件，如电磁阀、接触器、指示灯等，而 PLC 的输出有继电器输出、晶体管输出和晶闸管输出 3 种形式。

4．电源

PLC 的电源分为外部电源、内部电源和后备电源。外部电源用于驱动 PLC 的负载和传递现场信号，同一台 PLC 的外部电源可以是一个规格，也可以是多个规格。常见的外部电源有交流 220V、110V，直流 100V、48V、24V 等。内部电源是 PLC 的工作电源，有时也作为现场输入信号的电源。它的性能好坏直接影响到 PLC 的可靠性。而后备电源在停机或突然断电时，可以保证 RAM 中的信息不丢失。

5．编程器

编程器是 PLC 最重要的外围设备，利用编程器可将用户程序送入 PLC 的存储器中，可用编程器检查、修改、调试程序，还可监控程序的运行及 PLC 的工作状态。小型 PLC 常用简易型便携式编程器或手持式编程器。利用个人计算机，添加适当的硬件接口电路和编程软件也可以对 PLC 进行编程，同时后者还可以直接显示梯形图、读出程序、写入程序、监控程序运行等。

6．外围接口

1）扩展接口

扩展接口用于将扩展单元与基本单元相连，从而使 PLC 的配置更加灵活。

2）通信接口

为了实现"人与机"或"机与机"之间的对话，PLC 配有多种通信接口。PLC 通过相应的通信接口可以与监视器、打印机及其他 PLC 或计算机相连。

3）智能 I/O 口

为了满足更加复杂的控制功能的需要，PLC 配有多种智能 I/O 接口。

任务四 可编程序控制器的工作原理

可编程序控制器是一种工业控制计算机，它的工作原理是建立在计算机工作原理的基础上的，即可以将它的工作原理简单表述为在系统程序的管理下，通过运行应用程序，对控制要求进行处理和判断，并通过执行用户程序来实现控制任务。

早期的 PLC 主要用于代替传统的由继电器、接触器构成的控制装置，但这两者的运行方式是不同的。

（1）继电器控制装置采用硬逻辑并行运行的方式，即如果这个继电器的线圈通电或断电，该继电器所有的触点（包括其常开或常闭触点）无论在继电器控制电路的哪个位置上都会立即同时动作。

（2）PLC 的 CPU 则采用顺序逻辑扫描用户程序的运行方式，即如果一个输出线圈或逻辑线圈被接通或断开，该线圈的所有触点（包括其常开或常闭触点）不会立即动作，必须等扫描到该触点时才会动作。

为了消除二者之间由于运行方式不同而造成的差异，考虑继电器控制装置各类触点的动作时间一般在 100ms 以上，而 PLC 扫描用户程序的时间一般均小于 100ms，因此，PLC 采用了一种不同于一般微型计算机的运行方式——扫描技术。这样在对于 I/O 响应要求不高的场合，PLC 与继电器控制装置的处理在结果上就没有什么区别了。

（3）扫描技术

循环扫描的工作方式是 PLC 的一大特点，针对工业控制采用这种工作方式使 PLC 具有一些优于其他各种控制器的特点。

当 PLC 运行后，其工作过程一般分为三个阶段，即输入采样、程序执行和输出刷新三个阶段，完成上述三个阶段称为一个扫描周期。在整个运行期间，PLC 的 CPU 以一定的扫描速度重复执行上述三个阶段，如图 1-2 所示。

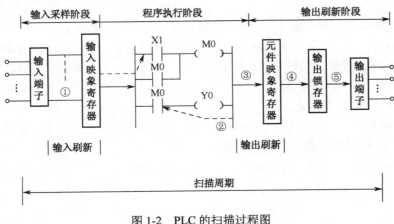

图 1-2 PLC 的扫描过程图

1）输入采样阶段

PLC 将各输入状态存入对应的输入映象寄存器中，此时输入映象寄存器被刷新，接着进入程序执行阶段。在程序执行阶段或输出刷新阶段，输入元件映像寄存器与外界隔绝，必须等到下一个工作周期的输入刷新阶段才能被读入。

2）程序执行阶段

程序执行阶段又称程序处理阶段，PLC 根据最新读入的输入信号，以先左后右、先上后下的顺序逐行扫描，执行一次程序，然后进行相应的运算，将结果存入元件映像寄存器中。对于元件映象寄存器来说，每一个元件（输出"软继电器"的状态）会随着程序执行过程而变化。当最后一条控制程序执行完毕后，PLC 将转入输出刷新阶段。

3）输出刷新阶段

当程序中所有指令执行完毕后，PLC 将输出状态寄存器中所有输出继电器的状态（接通/断开），依次送到输出锁存电路，并通过一定的输出方式输出，驱动外部负载。

综上所述，外部信号的输入通过 PLC 扫描由"输入传送"来完成，此时带来了"逻辑滞后"的问题。影响滞后的主要因素有输入电路、输出电路的响应时间，PLC 中 CPU 的运算速度及程序设计结构等。一般工业设备是允许 I/O 响应滞后的，但对于某些需要 I/O 快速响应的设备则应采取相应措施，如硬件设计上采用快速响应模块、高速计数模块等，在软件设计上采用不同中断处理措施，优化设计程序。

 课后思考题 --

一、填空题

（1）PLC 的基本结构由_____、_____、_____、_____组成。

（2）PLC 的存储器包括_____和_____。

（3）为了提高 PLC 的抗干扰能力，输入/输出接口电路均采用_____电路；输出接口电路有_____、_____、_____三种输出方式，以适用于不同负载的控制要求。其中高速、大功率的交流负载，应选用_____输出的输出接口电路。

二、选择题

（1）PLC 控制系统能取代继电-接触器控制系统的（　　　）部分。

  A．整体   B．主电路   C．控制电路   D．接触器

（2）一般对 PLC 进行分类时，I/O 点数为（　　　）点时，可以看做是大型 PLC。

  A．2048   B．512   C．256   D．128

（3）（　　　）是 PLC 的核心。

  A．存储器   B．CPU   C．输入/输出单元   D．通信接口电路

（4）PLC 每次扫描用户程序之前都可执行（　　　）。

  A．输入取样   B．输出刷新   C．自诊断   D．与编程器等通信

三、简答题

（1）可编程序控制器的定义是什么？

（2）PLC 有哪些主要特点？

（3）PLC 是如何分类的？

项目二　编程方法简介

项目要求

了解 PLC 的编程语言。

学习利用编程软件 FXGPWIN 编写梯形图及状态图。

FX 系列 PLC 编程软件适用于 FX0、FX0N、FX2N 等多种机型，能够进行梯形图、SFC 及指令表编程；能通过计算机将程序传入 PLC 中，或从 PLC 中读取程序。

任务一　FXGP/WIN-C 软件及使用

一、软件的启动

该软件的启动通常采用两种方式，一是双击桌面上的 FXGP/WIN-C 编程软件的快捷图标；二是单击桌面"开始"→"程序"→"MELSEC-F FX Applications"→"FXGP/WIN-C"，打开 FXGP/WIN-C 编程软件即可，如图 2-1 所示。

二、程序编译（见任务二、任务三）

三、程序上传

（1）单击菜单栏中"PLC"中的"端口设置"，弹出如图 2-2 所示的对话框，选择相应的串行口后，单击"确认"按钮。

（2）单击菜单栏中"PLC"中的"读入程序"，弹出如图 2-3 所示的对话框，选择相应的 PLC 类型后，单击"确认"按钮，即 PLC 的程序被上传到编程软件中。

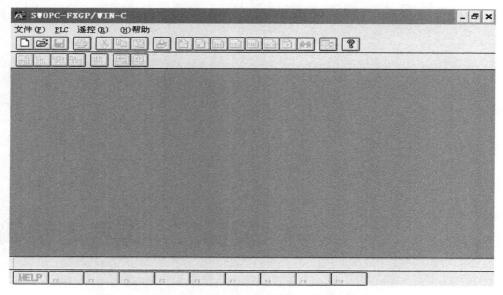

图 2-1　FXGP/WIN-C 编程软件窗口

图 2-2　"端口设置"对话框

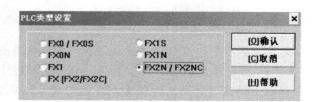

图 2-3　"PLC 类型设置"对话框

四、程序的下载

（1）将 PLC 主机的 RUN/STOP 开关拨到"STOP"位置，或者单击"PLC"→"遥控运行/停止"→"停止"→"确认"。

（2）程序编译成功后，单击"PLC"→"传送"→"写出"，弹出"PC 程序写入"窗口如图 2-4 所示。选择"范围设置"，写入范围比实际程序步数要大些。

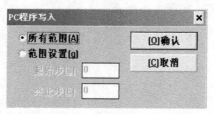

图 2-4　"PC 程序写入"对话框

五、监控与调试

在 SWOPC-FXGP/WIN-C 编程环境中，可以监控各软元件的状态，还可以通过强制执行改变软元件的状态，这些功能主要在"监控/测试"菜单中完成。

1．编程元件的监控

编程元件的状态、数据可以通过编程环境进行在线监控。单击"监控/测试"→"开始监控"。

2．程序调试

（1）输出元件 Y 的强制执行

单击"监控/测试"→"强制 Y 输出"，弹出对话框。输入 Y 元件号，选择工作状态 ON 或OFF，单击"确认"按钮，能够看到元件的工作状态，同时对应的执行元件也有相应的动作。

（2）其他元件的强制执行

单击"监控/测试"→"强制 ON/OFF"，弹出对话框。输入编程原居地类型及元件编号，接着选择工作状态"设置"或"重新设置"。

任务二　学习梯形图及输入方法

梯形图是最简单、直观的一种编程语言，它以图形符号及其在图中的相互关系来表示控制关系，是从继电器电路图演变而来的。对于相关电气技术人员来说，不需要很深的计算机技术知识便能很好地掌握。鉴于这一点，梯形图在 PLC 编程语言中应用最为广泛。下面从接触器控制和梯形图控制两方面分析，图 2-5 为接触器控制的电动机起停控制电路，而图 2-6 为梯形图语言控制。

一、接触器控制电路与 PLC 控制电路（见表 2-1）

表 2-1　接触器控制电路与 PLC 控制电路

名　　称	电　气　符　号	PLC 控制电路符号
点动按钮（常开）	 SB1	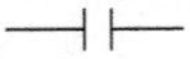 —| |—
点动按钮（常闭）	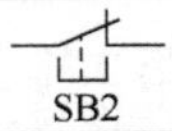 SB2	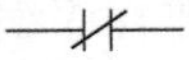 —|/|—
接触器线圈	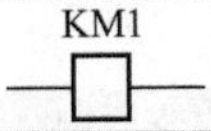 KM1	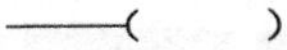 —（　　）—
接触器自锁触点	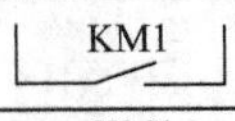 KM1	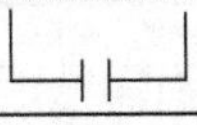 —| |—
接触器联锁（互锁）触点	 KM1	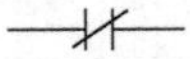 —|/|—
定时器线圈	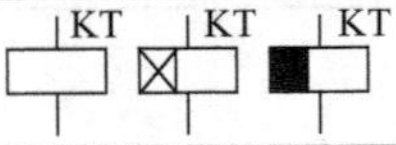 KT　KT　KT	—（ TO K100 ）—
延时动断触点	 KT	 —|/|—
延时动合触点	 KT	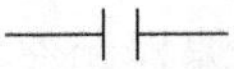 —| |—

例 2-1：将图 2-5 所示的接触器控制电动机启停转换为如图 2-6 所示的梯形图控制。

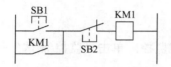

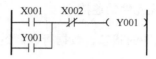

图 2-5　接触器控制电动机启停电路　　　　　图 2-6　梯形图语言控制

二、梯形图编写原则

利用梯形图编写程序，要遵循以下基本原则。

（1）按从左到右、从上到下的顺序编写程序。以下面的程序为例来说明。

例 2-2：利用 FXGP/WIN-C 软件输入以下梯形图。

①将光标移到最左上方，从左往右开始编写程序，如图 2-7 所示。

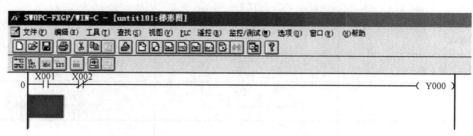

图 2-7　编写第一排程序界面

②第一排程序编写完毕后，将光标移到第二排左上方，按从上到下的顺序编写，如图 2-8 所示。

图 2-8　编写第二排程序界面

③第二排程序输入完毕后，再将光标移到第三排，依次输入，如图 2-9 所示。

（2）将编程元件水平放置（主控触点除外），不能将其置于垂直线上，如图 2-10 所示就是错误的，图 2-11 所示的是主控触点的应用。

（3）线圈左边不能直接接母线，其右边不能接触点，否则梯形图会出现逻辑错误，导致无法转换（线圈必须画在触点的右边）。如图 2-12 和图 2-13 所示的程序都是错误的。

图 2-9　编写第三排程序界面

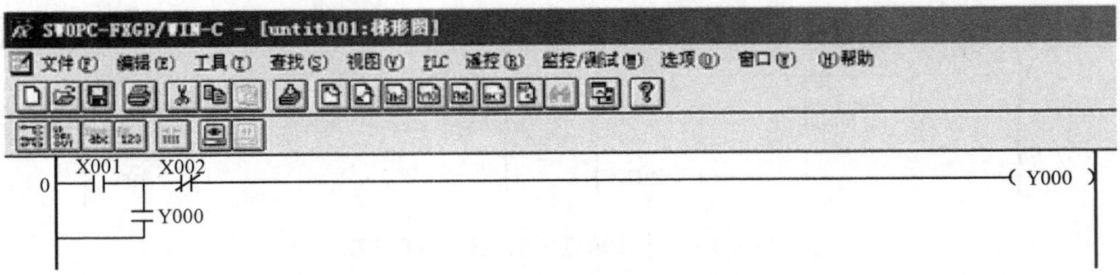

图 2-10　错误的放置编程元件

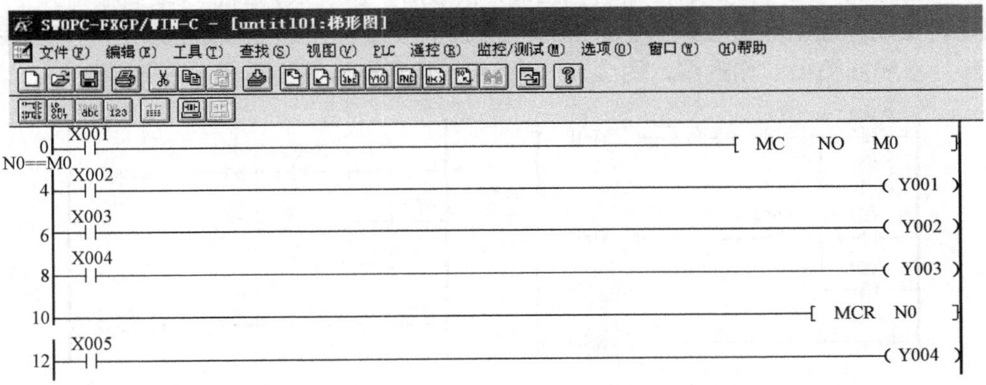

图 2-11　主控触点的应用

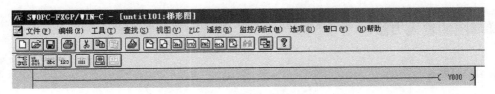

图 2-12　错误的程序界面（1）

图 2-13　错误的程序界面（2）

（4）触点的使用次数不限，无论是常开或常闭触点，既可以并联使用，也可以串联使用。

（5）合理布置元件的位置，应将串联触点多的回路写在上方，如图 2-14 所示；应将并联触点多的回路写在左方，如图 2-15 所示。

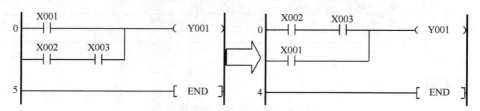

图 2-14　串联触点多的回路写在上方

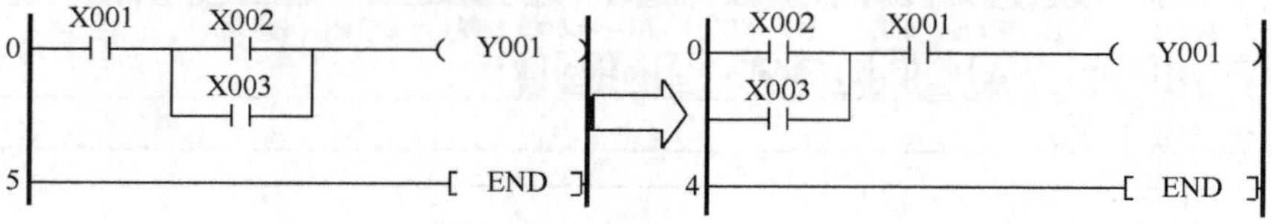

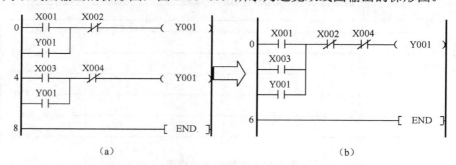

图 2-15　并联触点多的回路写在左方

（6）注意双线圈输出问题。在同一条程序中，如果同一个线圈被重复输出两次或两次以上，则视为双线圈输出。此时前面的输出动作无效，仅最后一次有效。虽然双线圈输出并不违反输入，但是输出动作相对比较复杂，因此在编写程序时要多注意避免双线圈输出问题。图 2-16（a）所示为双线圈输出的梯形图，图 2-16（b）所示为避免双线圈输出的梯形图。

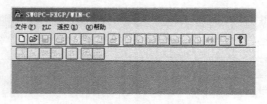

图 2-16　双线圈输出的梯形图和避免双线圈输出的梯形图

三、梯形图的输入方法

1．编写程序

（1）双击图标 ，进入 FXGPWIN 的编程环境，如图 2-17 所示。

图 2-17　FXGPWIN 的编程环境

（2）单击工具栏中的"新文件"快捷键，建立新文件，如图 2-18 所示。

图 2-18　新建文件

（3）选择"新建命令"即刻出现"PLC 类型设置"界面，选择 FX2N 系列（根据具体使用的 PLC 机型选择），如图 2-19 所示。

图 2-19　PLC 类型设置界面

（4）设置好 PLC 类型后，选择"确认"即可进入"梯形图编辑界面"，如图 2-20 所示。若没有进入"梯形图编辑界面"，则可以在视图中切换到梯形图编辑界面，如图 2-21 所示。

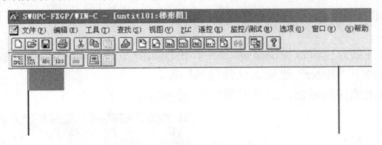

图 2-20　梯形图编辑界面

图 2-21　切换梯形图界面

（5）根据编程需求，在右侧菜单栏中选择合适的元件，如图 2-22 所示，按下"Shift"键还可以看到更多的常用元件，单击常开图标，出现如图 2-23 所示的对话框。

图 2-22　梯形图界面

图 2-23　常开触点界面

（6）在对话框中输入相应的软元件编号（如 X0），单击"确认"按钮，则屏幕显示如图 2-24 所示。

注：输入常开触点也可以按快捷键"F5"，出现如图 2-23 所示的常开触点界面后，按一下"Tab"键或者按两下"Enter"键输入元件编号即可。

（7）单击输出线圈的图标，出现如图 2-25 所示的对话框。

图 2-24　常开触点的软元件编号　　　　　图 2-25　输出线圈界面

注：输入"输出线圈"也可以按快捷键"F7"，出现如图 2-25 所示的输出线圈界面后，按一下"Tab"键或按两下"Enter"键输入"软元件编号"即可。

（8）在对话框中填入相应的软元件编号（如 Y0），单击"确认"按钮，屏幕显示如图 2-26 所示。

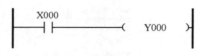

图 2-26　输出线圈编号

（9）在对话框中填入 END，表示程序编写已经结束，单击"确认"按钮，屏幕显示如图 2-27 所示。

常用元件的快捷键输入方法见表 2-2。

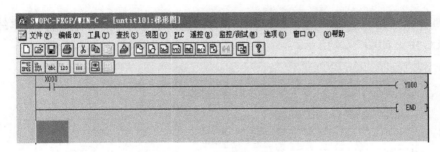

图 2-27 程序完成界面

表 2-2 常用元件的快捷键输入方法

元 件 名 称	对应快捷键
上升沿触点	"F2"
下降沿触点	"F3"
常开触点	"F5"
常闭触点	"F6"
输出线圈	"F7"
结束指令	"F8"
横线	"F9"
竖线	"Shift" + "F9"
上升沿自锁触点	"Shift" + "F2"
下降沿自锁触点	"Shift" + "F3"
常开自锁触点	"Shift" + "F5"
常闭自锁触点	"Shift" + "F6"

注：如果梯形图输入错误，直接选中，按下快捷键"Delete"；如果需要在某个位置插入梯形图，则用鼠标单击要插入的位置，然后按住"Shift" + "Insert"键。

2．编译、运行

（10）程序编写完成后，按快捷键"F4"或按工具栏上的"转换"快捷键，实行转换，屏幕上的程序由灰色变成白色，如图 2-28 所示。

注：如不能转换，则软件会显示出错。对于步数较多的程序，可以边编写边转换，以便及时发现错误；对于步数较少的程序，可以一起编好后再转换。

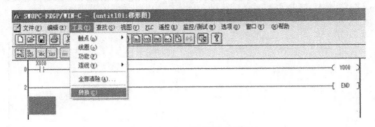

图 2-28 程序转换界面

（11）程序转换结束后，将程序传送到 PLC 中，在传送之前必须注意以下两点：

①连接好 PLC 和计算机的通信电缆；

②把 PLC 的 "RUN—STOP" 开关打到 "STOP" 处（在 PLC 的面板上）。

（12）检查完毕后，选择"PLC"菜单栏下"传送"命令中的"写出"栏，将转换后的程序传送到 PLC 中，如图 2-29 所示。

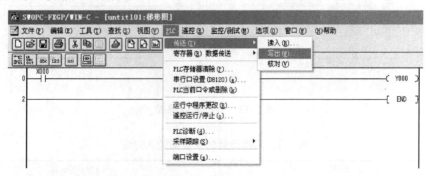

图 2-29　程序传送界面

（13）选中"程序写出"命令选择完毕后，跳出"PLC 程序写入"对话框，如图 2-30 所示。

（14）选中"范围设置"，"起始步"对话框和"终止步"对话框恢复黑色。"起始步"对话框为"0"不动，"终止步"对话框根据程序的实际步数填写，如本程序共 2 步，所以在"终止步"对话框中填上"2"，如图 2-31 所示，"终止步"设置完成后，单击"确认"按钮进行传送程序。

图 2-30　"PLC 程序写入"对话框

图 2-31　PLC 程序写入"范围设置"对话框

注：如果不进行"范围设置"，PLC 则默认为"所有范围"，这样会导致传输速度比较慢。至此，一个简单的 PLC 程序就编写、输入完成了。

（15）程序传送结束后，在 PLC 面板上把 RUN-STOP 开关打到"RUN"处，使 PLC 处于运行状态，则可以对设备进行运行。

（16）在调试程序的过程中，往往需要知道程序的运行情况，以便修改或调整，这时可以利用软件的监控功能，对程序的运行情况进行监控。选择"监控/测试"菜单栏下的"开始监控"命令，如图 2-32 所示。

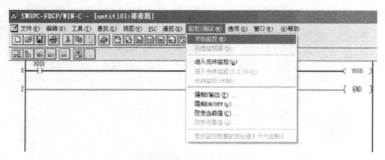

图 2-32　监控界面

说明：在监控情况下，程序中绿颜色的表示软元件已接通，反之表示断开。

3．保存

（17）编写好程序之后，若要保存，单击工具栏中的"保存"按钮，如图 2-33 所示。

图 2-33 保存命令界面

（18）选择保存命令后会出现"保存目录"对话框，如图 2-34 所示，这时可以在"文件名"一栏中给程序定一个名称，例如，将本程序定名为"项目 1-1"。

①先在存盘的地方预先新建一个文件夹（本例为桌面上的"PLC 例子"文件夹），在对话框中起好文件名，选择好路径（桌面上的"PLC 例子"文件夹），如图 2-35 所示。

图 2-34 "保存目录"对话框   图 2-35 "保存路径"对话框

②保存路径选好后，单击"确定"按钮，出现如下另存为对话框，如图 2-36 所示，单击"确认"按钮即可完成文件的保存（文件题头名可写，可不写）。

（19）文件保存好之后，若要打开刚刚保存的文件，按如下步骤进行。

①打开编程软件，单击工具栏中的"打开"快捷键，如图 2-37 所示，或者直接选择"文件"菜单栏就可以看到刚刚保存的文件，如图 2-38 所示。

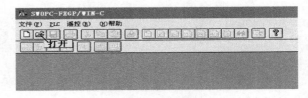

图 2-36 "文件题头名"对话框   图 2-37 快捷键对话框

②文件打开后出现如图 2-39 的对话框。

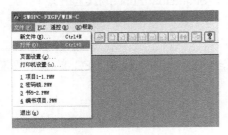

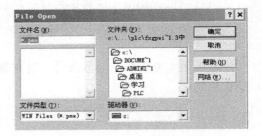

图 2-38 工具栏文件打开对话框   图 2-39 "打开文件"对话框

③选择路径，找到需要的文件，出现如图 2-40 所示的对话框。

④双击"文件名（N）"中的文件（项目 1-1. PMW），出现如图 2-41 所示的对话框，单击"确认"按钮即可。

图 2-40　选择路径对话框

图 2-41　打开对话框界面

【练一练】利用 FXGPWIN 编程软件输入如下程序，并以"项目 2-1L"的文件名保存。

（1）

```
      X000   X001   X002
  0 ──┤├──┤├──┤/├─────────────────────( Y000 )
      Y000
    ──┤├──┐
                                       ( Y001 )
  6 ──────────────────────────────────[ END ]
```

（2）

```
      X020   X021   X025
  0 ──┤├──┤├──┤/├─────────────────────( Y003 )
      Y003
    ──┤├──┐
  5 ──────────────────────────────────[ END ]
```

任务三　学习顺序功能图 SFC 及其输入方法

在工业生产过程控制中，大部分控制系统可分为过程控制与程序控制两类。所谓顺序控制，是指按照预先规定的生产工艺顺序，在各个转移控制信号的作用下，根据内部状态和时间顺序，各个被控执行机构自动、有序地进行操作。相应的设计方法称为顺序控制设计法。利用顺序控制设计法进行编程的图形化语言称为顺序功能图（SFC，Sequential Function Chart）。

一、SFC 的基本要素

顺序功能图主要由步、转换条件、有向连线和动作组成，其中，构成 SFC 的基本要素是步、动作和转移。

1. 步

步在 SFC 程序中也叫做状态，指被控对象某一状态下的工作情况。在 SFC 中，步用方框表示，方框里的数字是步的编号，也就是程序执行的顺序。表 2-3 所示为 FX2N 的状态元件一览表。

表 2-3 FX2N 的状态元件一览表

类 型	元 件 编 号	功 能
初始状态	S0~S9	用做 SFC 的初始状态
返回状态	S10~S19	用做返回原点的状态
一般状态	S20~S499	用做 SFC 的中间状态
断电保持状态	S500~S899	作断电保持用，停电恢复后可继续执行断电前的动作
信号报警状态	S900~S999	用做报警元件使用

2．动作

控制系统发出一个或数个"命令"，被控系统则执行相应的一个或数个"动作"，命令或动作可以是定时、延时、保持和非保持型等。在 SFC 中，动作或命令用矩形框内的文字或符号表示，该矩形框与相应步的图形符号相连。表 2-4 所示为动作与步相连的画法。

表 2-4 动作与步相连的画法

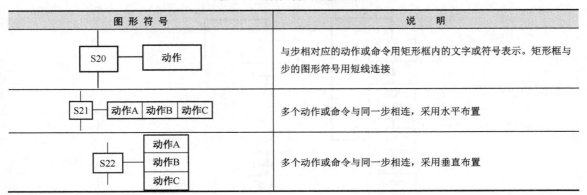

图 形 符 号	说 明
	与步相对应的动作或命令用矩形框内的文字或符号表示。矩形框与步的图形符号用短线连接
	多个动作或命令与同一步相连，采用水平布置
	多个动作或命令与同一步相连，采用垂直布置

注：（1）一个步可以同时与多个命令或者动作相连。

（2）这些动作可以采用水平布置，也可以采用垂直布置。

（3）在同一个步中，在执行命令或动作时是同时执行的，没有先后之分。

3．转移（转换）

转移是结束当前步的操作而启动下一步操作的条件。转移在 SFC 中用与有向连线垂直的短横线表示。两个转移之间必须用一个步隔开，不能直接相连，如图 2-42 所示。

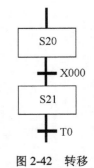

图 2-42 转移

二、SFC 的分类

在 SFC 中，步与步之间根据程序设计的需要，往往会连接成不同的结构，根据其基本的结构形式，可以分为以下几类。

（1）单流程的状态转移图，如图 2-43 所示。

（2）多项工序的选择处理和同时处理状态转移图，如图 2-44 所示。

（3）跳转与重复流程的状态转移图，如图 2-45 所示。

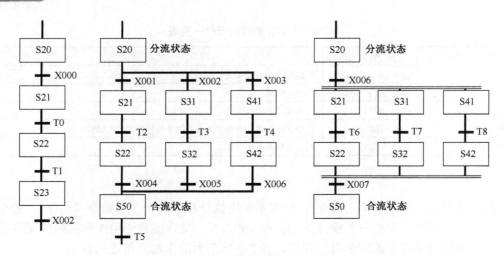

图 2-43　单流程的状态转移图

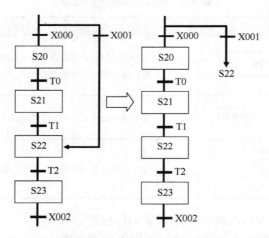

图 2-44　多项工序的选择处理和同时处理状态转移图

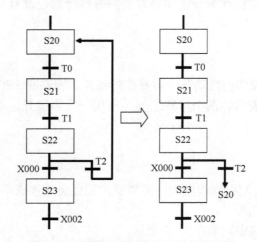

图 2-45　跳转与重复流程的状态转移图

（4）分支与汇合的组合流程状态转移图，如图 2-46 和图 2-47 所示。

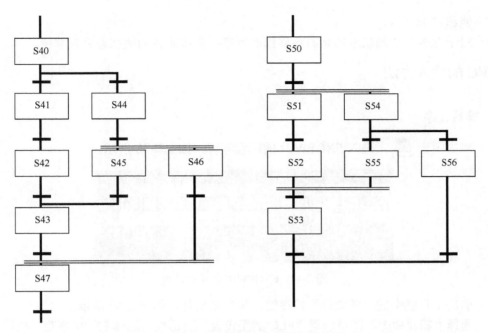

图 2-46　分支与汇合的组合流程状态转移图（1）

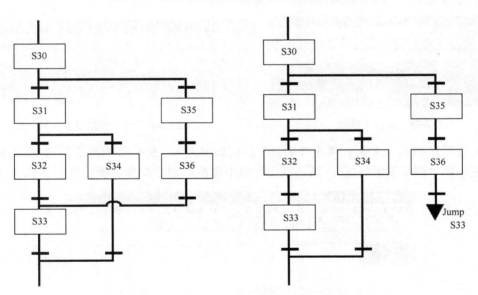

图 2-47　分支与汇合的组合流程状态转移图（2）

三、SFC 的设计原则

（1）状态编号不可以重复使用。

（2）如果满足转移条件，则与其相连的状态动作；如果不满足转移条件，则与其相连的状态不动作。

（3）输出线圈和定时器线圈不可以在相邻状态中使用。

（4）分支数的限制。每一个分支点的分支数不能大于 8 个，并且每一个状态下的分支电路数总和不能超过 16 个。

（5）对于有多个初始状态的状态转移图的程序，应按照各初始状态分开编程。

四、SFC 的输入方法

1. 编写程序

（1）双击图标 ![FXGPWIN]，进入 FXGPWIN 的编程环境，如图 2-48 所示。

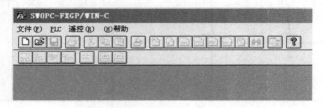

图 2-48　FXGPWIN 的编程环境

（2）单击工具栏中的"新文件"快捷键，建立新文件，如图 2-49 所示。

（3）选择"新建命令"即可出现"PLC 类型设置"对话框，选择 FX2N 系列（根据具体使用的 PLC 机型选择），如图 2-50 所示。

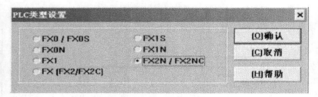

图 2-49　新建文件　　　　　　　　图 2-50　"PLC 类型设置"对话框

（4）设置好 PLC 类型后，单击"确认"按钮即可进入"SFC 编辑界面"，如图 2-51 所示。若没有进入到"SFC 编辑界面"，则可以在视图中切换到 SFC 编辑界面，如图 2-52 所示。

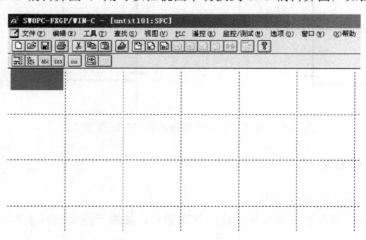

图 2-51　SFC 编辑界面

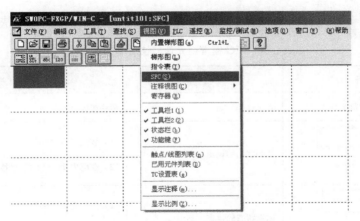

图 2-52　切换 SFC 编辑界面

（5）根据编程需求，在菜单栏中选择合适的元件，如图 2-53 所示，按下"Shift"键还可以看到更多的常用元件，如图 2-54 所示的对话框。

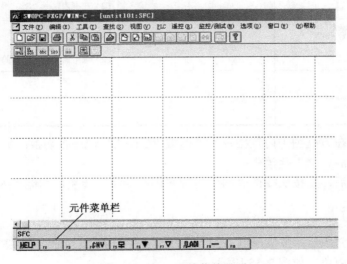

图 2-53　SFC 元件菜单界面

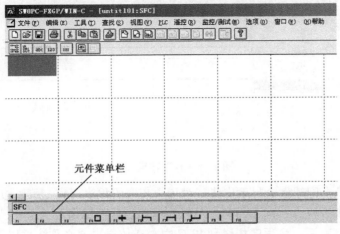

图 2-54　SFC 更多的元件菜单界面

进入界面后，可以输入 SFC 框图，表 2-5 所示为 SFC 框图常用元件的快捷输入方法。

表 2-5　SFC 框常用元件的快捷键输入方法

符　号		功　能	输　入　方　法
开始标志	* Ladder 0	表示动作开始	按快捷键 "F8"
初始状态	* S0	初始状态的设定	（1）按快捷键 "F5" （2）在框内输入 "S0" 后按回车键
原点状态	* S10	原点状态的设定	（1）按快捷键 "F5" （2）在框内输入 "S10" 后按回车键
一般状态	* S20	一般动作的状态设定	（1）按快捷键 "F5" （2）在框内输入 "S20" 后按回车键
跳转指令	▼ Jump S0	循环状态的设定	（1）按快捷键 "F6" （2）选中箭头输入跳转的状态
结束指令	* Ladder 1	表示动作结束	按快捷键 "F8"

注：（1）如果在方框图中内置指令，可以按 "Ctrl+L" 键进行切换；

（2）内置完成后，"*" 会消失；

（3）输入完毕后，要按快捷键 "F4" 对程序进行转换，转换后才能写入到 PLC 中去。

2．调试、运行

（6）程序编写完成后，按快捷键 "F4" 或按工具栏上的 "转换" 快捷键实行转换，屏幕上的程序由灰色变成白色，如图 2-55 所示。

图 2-55　程序转换界面

注：如不能转换，则软件会显示出错。对步数较多的程序而言，可以边编写边转换，以便及时发现错误；对步数较少的程序而言，可以一起编好后再转换。

（7）程序转换结束后，将程序传送到 PLC 中，在传送之前必须注意以下两点。

①连接好 PLC 和计算机的通信电缆；

②把 PLC 的"RUN—STOP"开关打到"STOP"处（在 PLC 的面板上）。

（8）检查完毕后，选择"PLC"菜单栏下"传送"命令中的"写出"栏，将转换后的程序传送到 PLC 中，如图 2-56 所示。

图 2-56　程序传送界面

（9）"程序写出"命令选择完毕后，跳出"PLC 程序写入"对话框，如图 2-57 所示。

（10）选中"范围设置"，"起始步"对话框和"终止步"对话框恢复黑色。"起始步"对话框为"0"不动，"终止步"对话框根据程序的实际步数填写，如本程序共 2 步，所以在"终止步"对话框中填入"2"，如图 2-58 所示，"终止步"设置完成后，单击"确认"按钮进行传送程序。

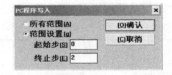

图 2-57　"PLC 程序写入"对话框　　图 2-58　PLC 程序写入"范围设置"对话框

注：如果不进行"范围设置"，PLC 则默认为"所有范围"，这样会导致传输速度比较慢。至此，一个简单的 PLC 程序就编写、输入完成了。

（11）程序传送结束后，在 PLC 面板上把 RUN—STOP 开关打到"RUN"处，使 PLC 处于运行状态，则可以对设备进行运行。

（12）在调试程序的过程中，往往需要知道程序的运行情况，以便修改或调整，这时可以利用软件的监控功能，对程序运行情况进行监控。选择"监控/测试"菜单栏下的"开始监控"命令，如图 2-59 所示。

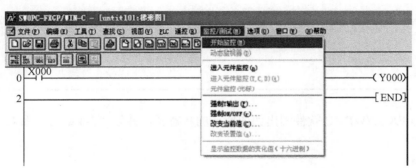

图 2-59　监控界面

说明：在监控的情况下，程序中绿颜色的表示软元件已接通，反之表示断开。

 课后思考题

（1）利用 FXGP/WIN-C 软件画出如图所示的梯形图，并以"2-1 练习"命名保存。

```
  X001    X002    X004
 ──┤├──────┤├──────┤/├─────────────────────────────( Y000 )
  Y000                  │
 ──┤├─────────────────────────────────────────────( Y001 )

  X003    X004
 ──┤├──────┤/├────────────────────────────────────( Y002 )
  Y002
 ──┤├──────

                                                  [ END ]
```

（2）利用 FXGP/WIN-C 软件画出如图所示的梯形图，并以"2-2 练习"命名保存。

```
  X000    X001
 ──┤├──────┤/├─────────────────────────────────────( Y004 )
  Y004    X002
 ──┤├──────┤/├──────

  X003    Y004    X001
 ──┤├──────┤├──────┤/├───────────────────────────────( Y002 )
  Y002    X004              │
 ──┤├──────┤├────────────────────────────────────────( Y003 )

                                                  [ END ]
```

（3）利用 FXGP/WIN-C 软件画出如图所示的梯形图，并以"2-3 练习"命名保存。

```
  X001    X004
 ──┤├──────┤/├─────────────────────────────────────( Y000 )
  X002                      │
 ──┤├──────────────────────────────────────────────( Y001 )
  X003
 ──┤├──────
  Y000
 ──┤├──────

                                                  [ END ]
```

（4）利用 FXGP/WIN-C 软件画出如图所示的状态图，并以"2-4 练习"命名保存。

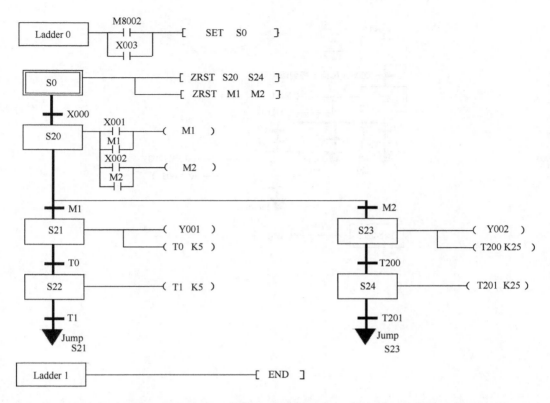

（5）利用 FXGP/WIN-C 软件画出如图所示的状态图，并以"2-5 练习"命名保存。

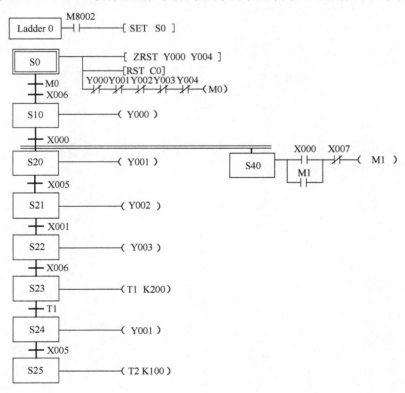

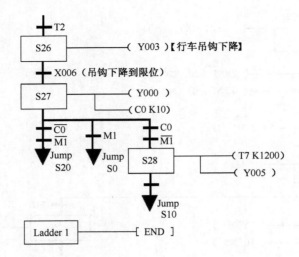

项目三　PLC 控制工位呼叫单元

项目要求

学会使用 FX2N 的基本逻辑指令：LD、LDI、AND、ANI、OUT、OR、ORI、END。

掌握 PLC 的基本编程方法。

通过学习，能够熟练掌握 FX2N-48MR 型 PLC 的外部接线。

【设计背景】为了更好地监测设备的运行情况，及时解决机器存在的故障，目前市场上如数控机床、镗床、铣床等设备中都安装了工位呼叫按钮。本项目主要介绍以 PLC 技术控制车间的工位呼叫系统。

任务一　PLC 控制单个工位呼叫单元

一、FX2N 系列 PLC 的内部软元件

软元件简称元件，PLC 内部存储器的每一个存储单元均称为元件，各个元件与 PLC 的监控程序、用户的应用程序合作，会产生或模拟出不同的功能。当元件产生的是继电器功能时，称这类元件为软继电器（简称继电器），在自动化控制中，由这些软继电器执行指令，从而实现各种控制要求。它不是物理意义上的实物器件，而是一定的存储单元与程序的结合产物。后面介绍的各类继电器、定时器、计数器都指此类软元件。在本项目中着重介绍输入继电器与输出继电器，其余软继电器在后续项目中将逐一介绍。

1. 输入继电器（X0～X267）

输入继电器的作用是将与 PLC 相连的外部开关信号或传感器信号输入给 PLC，供编制控制程序使用。输入继电器不是由程序驱动的，必须由外部信号驱动，所以在程序中不可能出现其线圈。由于输入继电器（X）为输入映象寄存器中的状态，所以用户对其触点的使用次数不限制。

FX2N 系列 PLC 的输入继电器以八进制进行编号，例如，输入 X0 会自动转换成 X000 显示，其意义是相同的。FX2N 输入继电器的编号范围为 X0～X267（184 点），要注意的是它与输出继电器的和不能超过 256 点。基本单元输入继电器的编号是固定不变的，扩展单元或模块是按与基本单元连接的模块开始顺序进行编号的。例如，基本单元 FX2N—48M 的输入继电器编号为 X0～X027，如果接有扩展单元或模块，则扩展的输入继电器从 X030 开始编号。

2. 输出继电器（Y0～Y267）

输出继电器的作用是将 PLC 的执行结果对外输出，驱动与 PLC 相连的外部设备（如接触器、电磁阀等）动作。输出继电器必须由 PLC 控制程序执行的结果来驱动，其有无数个动合、动断触点供编程时随意使用。

FX 系列 PLC 的输出继电器也是八进制编号的，其编号范围为 X0～X267（184 点），与输入继电器一样，基本单元输入继电器的编号是固定不变的，扩展单元或模块是按与基本单元连接的模块开始顺序进行编号的。

二、逻辑取及驱动线圈指令 LD/LDI/OUT

（1）逻辑取及驱动线圈指令 LD、LDI、OUT 的功能、梯形图表示、操作对象、所占程序步见表 3-1。

表 3-1　逻辑取及驱动线圈指令表

名称符号	功　能	梯形图表示	操作对象	程序步
取　LD	常开触点逻辑运算起始	─┤├─	X、Y、M、T、C、S	1
取反 LDI	常闭触点逻辑运算起始	─┤/├─	X、Y、M、T、C、S	1
输出 OUT	线圈驱动	─（　）─	Y、M、T、C、S	Y、M：1，特 M、S：2，T：3；C:3～5

例 3-1：逻辑取及驱动线圈指令的应用程序，如图 3-1 所示。

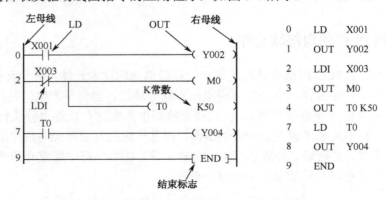

图 3-1　逻辑取及驱动线圈指令的应用程序

（2）逻辑取及驱动线圈指令的应用原则如下。

①LD：取指令，用于常开触点与母线连接。

②LDI：取反指令，用于常闭触点与母线连接。

③OUT：线圈驱动指令，用于将逻辑运算的结果驱动一个指定线圈。

④LD 与 LDI 指令对应的触点一般与左侧的母线相连，若与后述的 ANB、ORB 指令组合，则可以用做起始触点。

⑤线圈驱动指令可并行输出，如图 3-1 所示梯形图中的 OUT M0、OUT T0 K50。

⑥输入继电器 X 不能使用 OUT 指令。

⑦对于定时器或者计数器的线圈，必须在 OUT 指令后设定常数。

⑧程序编写结束后，必须加上结束指令，即"END"。

⑨特别要指出的是不能使线圈双重输出，如图 3-2 所示为同一线圈 Y1 多次使用。设 X1=ON，X3=OFF，因 X1=ON，所以 Y1 的映象寄存器为 ON，从而输出 Y2 也为 ON，又因为 X3= OFF，所以 Y1 的映象寄存器改写为 OFF，因此最终的外部输出 Y1 为 OFF，Y2 为 ON。综上所述，若输出线圈重复使用，则后面线圈的动作状态对外输出有效。

图 3-2　同一线圈 Y1 多次使用

三、触点串联指令 AND、ANDI

（1）触点串联指令 AND 和 ANDI 的功能、梯形图表示、操作元件、所占程序步见表 3-2。

表 3-2　触点串联指令的功能、梯形图表示、操作元件、所占程序步

名 称 符 号	功　能	梯形图表示	操 作 元 件	程 序 步
与　AND	常开触点串联连接		X、Y、M、T、C、S	1
与非 ANI	常闭触点串联连接		X、Y、M、T、C、S	1

（2）触点串联指令的应用原则如下。

①AND：与指令，用于单个常开触点的串联，完成逻辑"与"运算。

②ANI：与非指令，用于单个常闭触点的串联，完成逻辑"与非"运算。

③AND 和 ANI 指令均用于单个触点的串联，串联触点数目没有限制，该指令可以重复多次使用。

④OUT 指令后，通过触点对其他线圈使用 OUT 指令称为纵接输出。在顺序正确的前提下，纵接输出可以多次使用。

⑤串联触点的数目和纵接的次数虽然没有限制，但由于图形编辑器和打印机的功能有限制，因此尽量做到一行不超过 10 个触点和 1 个线圈，连续输出总共不超过 24 行。

四、触点并联指令

（1）触点并联指令 OR 和 ORI 的功能、梯形图表示、操作元件、所占程序步见表 3-3。

表 3-3　触点并联指令的功能、梯形图表示、操作元件、所占程序步

名称符号	功能	梯形图表示	操作元件	程序步
或　OR	常开触点并联连接		X、Y、M、T、C、S	1
或非 ORI	常闭触点并联连接		X、Y、M、T、C、S	1

（2）触点并联指令的应用原则如下。

①OR：或指令，用于单个常开触点的并联，完成逻辑"或运算"。

②ORI：或非指令，用于单个常闭触点的并联，完成逻辑"或非运算"。

③OR 和 ORI 指令从该指令的当前步开始，对前面的 LD、LDI 指令并联连接，并联连接的次数没有限制，但是因为图形编程器和打印机的功能有限制，所以并联连接的次数不超过 24 次。

④OR 和 ORI 指令用于单个触点与前面电路的并联，并联触点的左端接到该指令所在电路块的起始点（LD 点）上，右端与前一条指令对应的触点的右端相连，即单个触点并联到它前面已经连接好的电路的两端（当两个以上触点串联连接的电路块并联连接时，要用后述的 ORB 指令）。

1．点动运行控制功能

例 3-2：当某工位控制系统出现故障时，按下工位呼叫按钮 SB5，故障指示灯 HL1 亮；松开工位呼叫按钮 SB5，故障指示灯 HL1 灭。

 任务实施

（1）根据控制要求，列出输入/输出点分配表（见表 3-4）。

表 3-4　输入/输出点分配表

输　入		输　出	
名　称	输　入　点	名　称	输　出　点
工位呼叫按钮 SB5	X0	故障指示灯 HL1	Y0

（2）编写程序。

①利用梯形图编写程序。

```
        X000
    0 ──┤├──────────────────────────────( Y000 )

    2 ──────────────────────────────────[ END ]
```

②利用指令编写程序。

```
0       LD          X000
1       OUT         Y000
2       END
```

（3）外部接线（如图 3-3 所示）。

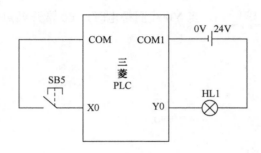

图 3-3　外部接线图

（4）将程序传入 PLC 中。

（5）调试、运行。

思考：按下工位呼叫按钮 SB5，怎样使故障指示灯 HL1 一直亮着呢？引入一个新的概念——自锁。

2．连续运行控制功能

例 3-3：当某工位控制系统出现故障时，按下工位呼叫按钮 SB5，故障指示灯 HL1 亮；松开工位呼叫按钮 SB5，故障指示灯 HL1 仍然亮着。

 任务实施

（1）根据以上控制要求，列出输入/输出点分配表（见表 3-5）。

表 3-5　输入/输出点分配表

输　入		输　出	
名　称	输　入　点	名　称	输　出　点
按钮 SB5	X0	HL1	Y0

注：输入和输出没有变（工位呼叫按钮仍然是 SB5，故障指示灯仍然是 HL1），所以输入/输出点分配也保持不变。

（2）外部接线（同图 3-3）。

（3）编写程序。

①利用梯形图编写程序。

```
    X000
 0  ├┤├─────────────────────────────────────────────────────────( Y000 )
    Y000
    ├┤├

 3  ─────────────────────────────────────────────────────────────[ END ]
```

注：常开自锁触点 ，当 Y0 线圈得电时，Y0 常开触点闭合实现自锁。

②利用指令编写程序。

```
0    LD      X000
1    OR      Y000
2    OUT     Y000
3    END
```

（4）将程序传入 PLC 中。

（5）调试、运行。

思考：如果故障解除了，怎样使故障指示灯熄灭呢？引入一个新概念——停止。

3．停止控制

例 3-4：当某工位控制系统出现故障时，按下工位呼叫按钮 SB5，故障指示灯 HL1 亮（松开工位呼叫按钮 SB5，故障指示灯 HL1 仍然亮着），若按下故障解除按钮 SB6，故障指示灯 HL1 熄灭。

🔍 任务实施

（1）根据以上控制要求，列出输入/输出点分配表（见表 3-6）。

表 3-6　输入/输出点分配表

输　　入		输　　出	
名　　称	输　入　点	名　　称	输　出　点
按钮 SB5	X0	HL1	Y6
按钮 SB6	X1		

（2）外部接线（如图 3-4 所示）。

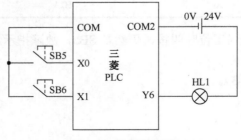

图 3-4　外部接线图

（3）编写程序。

①利用梯形图编写程序。

a）按下工位呼叫按钮 SB5，故障指示灯 HL1 亮。

分析：连续控制功能。

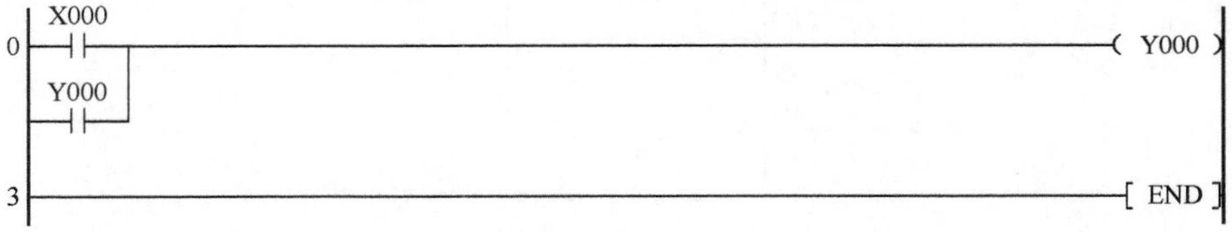

b）按下故障解除按钮 SB6，故障指示灯 HL1 熄灭。

分析：在 Y0 线圈前面串联 X1 常闭触点，实现停止功能。

②利用指令编写程序。

```
0    LD     X000
1    OR     Y000
2    ANI    X001
3    OUT    Y000
4    END
```

（4）将程序传入 PLC 中。

（5）调试、运行。

例 3-5：同时按下 SB1、SB2，指示灯 HL1 亮；同时按下 SB2、SB3，指示灯 HL2 亮；按下 SB4，指示灯 HL1、HL2 均灭。按步骤设计 PLC 控制电路。

（1）根据以上控制要求，列出输入/输出点分配表（见表 3-7）。

表 3-7　输入/输出点分配表

输　入		输　出	
名　　称	输　入　点	名　　称	输　出　点
按钮 SB1	X1	指示灯 HL1	Y1
按钮 SB2	X2	指示灯 HL2	Y2
按钮 SB3	X3		
按钮 SB4	X4		

（2）外部接线（如图 3-5 所示）。

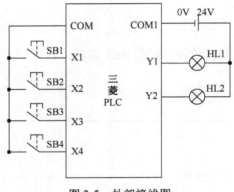

图 3-5　外部接线图

（3）编写程序。

①同时按下 SB1、SB2，指示灯 HL1 亮；

②同时按下 SB2、SB3，指示灯 HL2 亮；

③按下 SB4，指示灯 HL1、HL2 均灭。

（4）将程序传入 PLC 中。

（5）调试、运行。

例 3-6：按下按钮 SB1、SB2 或 SB3，小灯 L1 都长亮，按下按钮 SB4 或 SB5，小灯 L1 都熄灭。

（1）根据以上控制要求，列出输入/输出点分配表（见表 3-8）。

表 3-8　输入/输出点分配表

输　入		输　出	
名　称	输　入　点	名　称	输　出　点
按钮 SB1	X1	小灯 L1	Y1
按钮 SB2	X2		
按钮 SB3	X3		
按钮 SB4	X4		
按钮 SB4	X5		

（2）外部接线（如图 3-6 所示）。

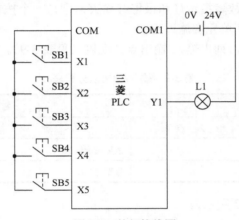

图 3-6　外部接线图

（3）编写程序。

①按下按钮 SB1、SB2 或 SB3，小灯 L1 都长亮；

②按下按钮 SB4 或 SB5，小灯 L1 都熄灭。

（4）将梯形图传入 PLC 中。

（5）调试、运行。

任务二 PLC 控制多个工位呼叫单元

【控制要求】

某生产车间，按下工位呼叫按钮 SB5，故障指示灯 HL4 和报警灯 HL5 均亮；按下故障解除按钮 SB6，故障指示灯 HL4 和报警灯 HL5 均灭。按步骤设计 PLC 控制电路。

【PLC 控制多个工位呼叫单元分析】

按下工位呼叫按钮，故障指示灯和报警灯均亮，实质上就是一个按钮同时控制了两个线圈得电；按下故障解除按钮，故障指示灯和报警灯均灭，则是一个按钮同时控制两个线圈失电。

【PLC 控制多个工位呼叫单元实施过程】

（1）根据以上控制要求，列出输入/输出点分配表（见表 3-9）。

表 3-9　输入/输出点分配表

输　　入		输　　出	
名　　称	输　入　点	名　　称	输　出　点
工位呼叫按钮 SB5	X1	故障指示灯 HL4	Y1
故障解除按钮 SB6	X2	报警灯 HL5	Y2

（2）外部接线（如图 3-7 所示）。

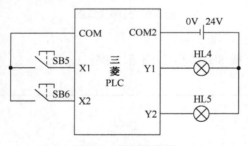

图 3-7　外部接线图

（3）编写程序。

①利用梯形图编写程序。

a）按下工位呼叫按钮 SB5，故障指示灯 HL4 亮。

```
   X001
0 ├──┤├──┬─────────────────────────────────( Y001 )
   Y001  │
  ├──┤├──┘
```

b）按下工位呼叫按钮 SB5，故障指示灯 HL4 亮，同时报警灯 HL5 亮。

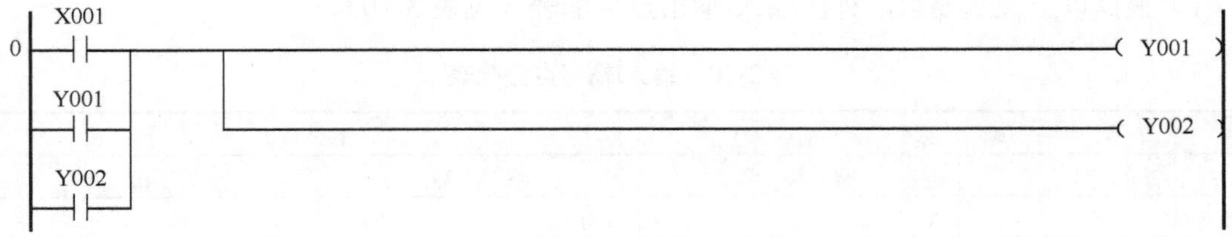

注：因为故障指示灯 HL4 和报警灯 HL5 是同时亮的，所以自锁触点有一个就可以了。

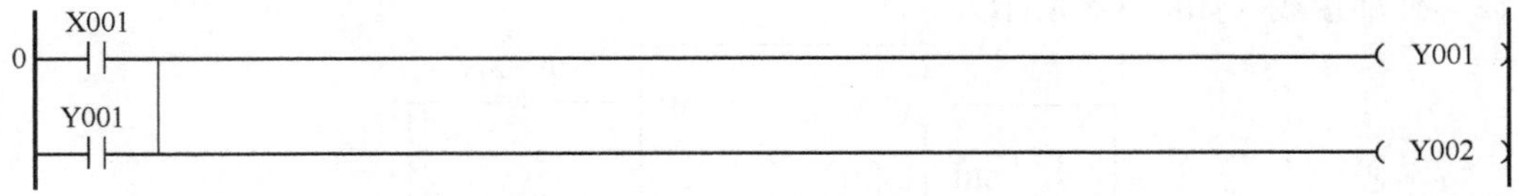

c）按下故障解除按钮 SB6，故障指示灯 HL4 和报警灯 HL5 均灭。

②利用指令编写程序。

```
0    LD      X001
1    OR      Y001
2    ANI     X002
3    OUT     Y001
4    OUT     Y002
5    END
```

（4）将程序传入 PLC 中。

（5）调试、运行。

例 3-7：按下按钮 SB1，小灯 L1、L2、L3 一起长亮。按下按钮 SB2，小灯 L1 熄灭；之后按下按钮 SB3，小灯 L2 熄灭；之后按下按钮 SB4，小灯 L3 熄灭。L1 熄灭之后，L2 才能熄灭，L2 熄灭之后，L3 才能熄灭。

【按钮控制指示灯亮灭分析】

"按下按钮 SB1，三个灯一起长亮"是一个按钮同时控制了三个输出线圈得电；"按下 SB2，小灯 L1 熄灭，之后按下按钮 SB3，小灯 L2 熄灭，之后按下按钮 SB4，小灯 L3 熄灭"则是三个按钮分别控制三个线圈失电。更需要注意的是，L1 熄灭后 L2 才能熄灭，L2 熄灭后 L3 才能熄灭，这里存在一个顺序控制的问题。

【按钮控制指示灯亮灭实施过程】

（1）根据以上控制要求，列出输入/输出点分配表（见表 3-10）。

表 3-10 输入/输出点分配表

| 输 入 | | 输 出 | |
名 称	输 入 点	名 称	输 出 点
按钮 SB1	X1	小灯 L1	Y1
按钮 SB2	X2	小灯 L2	Y2
按钮 SB3	X3	小灯 L3	Y3
按钮 SB4	X4		

（2）外部接线（如图 3-8 所示）。

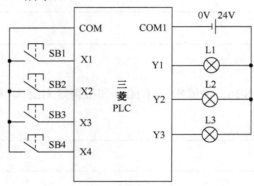

图 3-8 外部接线图

（3）编写程序（利用梯形图编写程序）

①按下按钮 SB1，小灯 L1、L2、L3 一起长亮。

```
      X001
  0 ──┤├──────────────────────────────────────────────────( Y001 )
      Y001
    ──┤├──

      X001
  3 ──┤├──────────────────────────────────────────────────( Y002 )
      Y002
    ──┤├──

      X001
  6 ──┤├──────────────────────────────────────────────────( Y003 )
      Y003
    ──┤├──
```

②按下按钮 SB2，小灯 L1 熄灭。

```
      X001    X002
  0 ──┤├─────┤/├────────────────────────────────────────( Y001 )
      Y001
    ──┤├──

      X001
  4 ──┤├──────────────────────────────────────────────────( Y002 )
      Y002
    ──┤├──

      X001
  7 ──┤├──────────────────────────────────────────────────( Y003 )
      Y003
    ──┤├──
```

③按下按钮 SB3，小灯 L2 熄灭。

```
      X001   X002                                              ( Y001 )
  0 ──┤├────┤/├────────────────────────────────────────────────────
      Y001
    ──┤├──

      X001   X003                                              ( Y002 )
  4 ──┤├────┤/├────────────────────────────────────────────────────
      Y002
    ──┤├──

      X001                                                     ( Y003 )
  8 ──┤├─────────────────────────────────────────────────────────────
      Y003
    ──┤├──
```

④按下按钮 SB4，小灯 L3 熄灭。

```
      X001   X002                                              ( Y001 )
  0 ──┤├────┤/├────────────────────────────────────────────────────
      Y001
    ──┤├──

      X001   X003                                              ( Y002 )
  4 ──┤├────┤/├────────────────────────────────────────────────────
      Y002
    ──┤├──

      X001   X004                                              ( Y003 )
  8 ──┤├────┤/├────────────────────────────────────────────────────
      Y003
    ──┤├──
```

⑤L1 熄灭之后，L2 才能熄灭。

```
      X001   X002                                              ( Y001 )
  0 ──┤├────┤/├────────────────────────────────────────────────────
      Y001
    ──┤├──

      X001   X003                                              ( Y002 )
  4 ──┤├────┤/├────────────────────────────────────────────────────
      Y002   Y001
    ──┤├────┤├──

      X001   X004                                              ( Y003 )
 10 ──┤├────┤/├────────────────────────────────────────────────────
      Y003
    ──┤├──
```

⑥L2 熄灭之后，L3 才能熄灭（加结束指令 "END"）。

```
      X001   X002
0    ─┤├────┤/├──────────────────────────────────────( Y001 )
      Y001
     ─┤├─

      X001   X003
4    ─┤├────┤/├──────────────────────────────────────( Y002 )
      Y002   Y001
     ─┤├────┤/├─

      X001   X004
10   ─┤├────┤/├──────────────────────────────────────( Y003 )
      Y003   Y002
     ─┤├────┤├─

16   ──────────────────────────────────────────────[ END ]
```

（4）将程序传入 PLC 中。

（5）调试、运行。

任务三　项目拓展

【控制要求】

某彩灯控制系统，按下按钮 SB1，小灯 HL1 长亮，再按下按钮 SB2，小灯 HL2 长亮，之后按下按钮 SB3，小灯 HL3 长亮。HL1 亮后，HL2 才能亮，HL2 亮后，HL3 才能亮。按下 SB4，3 个小灯全灭。按步骤设计 PLC 控制电路。

（1）根据以上控制要求，列出输入/输出点分配表（见表 3-11）。

表 3-11　输入/输出点分配表

输　入		输　出	
名　称	输　入　点	名　称	输　出　点
按钮 SB1	X1	HL1	Y1
按钮 SB2	X2	HL2	Y2
按钮 SB3	X3	HL3	Y3
按钮 SB4	X4		

（2）外部接线（如图 3-9 所示）。

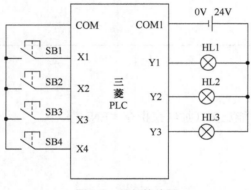

图 3-9　外部接线图

（3）编写程序。

①利用梯形图编写程序。

a）按下按钮 SB1，小灯 HL1 长亮。

```
   X001
0 ┤├─────────────────────────────( Y001 )
   Y001
  ┤├
```

b）按下按钮 SB1，小灯 HL1 长亮，再按下按钮 SB2，小灯 HL2 长亮；

```
   X001
0 ┤├─────────────────────────────( Y001 )
   Y001
  ┤├

   X002
3 ┤├─────────────────────────────( Y002 )
   Y002
  ┤├
```

c）按下按钮 SB1，小灯 HL1 长亮，再按下按钮 SB2，小灯 HL2 长亮，之后按下按钮 SB3，小灯 HL3 长亮。

```
   X001
0 ┤├─────────────────────────────( Y001 )
   Y001
  ┤├

   X002
3 ┤├─────────────────────────────( Y002 )
   Y002
  ┤├

   X003
6 ┤├─────────────────────────────( Y003 )
   Y003
  ┤├
```

d）按下 SB4，3 个小灯全灭。

```
   X001  X004
0 ┤├───┤/├──────────────────────( Y001 )
   Y001
  ┤├

   X002  X004
4 ┤├───┤/├──────────────────────( Y002 )
   Y002
  ┤├

   X003  X004
8 ┤├───┤/├──────────────────────( Y003 )
   Y003
  ┤├

12 ─────────────────────────────[ END ]
```

②利用指令编写程序：

a）按下按钮 SB1，小灯 HL1 长亮。

```
0   LD    X001
1   OR    Y001
2   OUT   Y001
```

b）按下按钮 SB1，小灯 HL1 长亮，再按下按钮 SB2，小灯 HL2 长亮。

```
0   LD    X001
```

1	OR	Y001
3	LD	X002
4	OR	Y002
5	OUT	Y002

c）按下按钮 SB1，小灯 HL1 长亮，再按下按钮 SB2，小灯 HL2 长亮，之后按下按钮 SB3，小灯 HL3 长亮。

0	LD	X001
1	OR	Y001
2	OUT	Y001
3	LD	X002
4	OR	Y002
5	OUT	Y002
6	LD	X003
7	OR	Y003
8	OUT	Y003

d）按下按钮 SB4，3 个小灯全灭。

0	LD	X001
1	OR	Y001
2	ANI	X004
3	OUT	Y001
4	LD	X002
5	OR	Y002
6	ANI	X004
7	OUT	Y002
8	LD	X003
9	OR	Y003
10	ANI	X004
11	OUT	Y003
12	END	

（4）将程序传入 PLC 中。

（5）调试、运行。

课后思考题

一、选择题

（1）单个动合触点与前面的触点进行串联连接的指令是（　　　　　）
　　A．AND　　　　　B．OR　　　　　C．ANI　　　　　D．ORI

（2）单个动断触点与上面的触点进行并联连接的指令是（　　　　　）
　　A．AND　　　　　B．OR　　　　　C．ANI　　　　　D．ORI

（3）动断触点与左母线相连接的指令是（　　　　）

　　　A．LD　　　　B．LDI　　　　C．AND　　　　D．OUT

（4）线圈驱动指令 OUT 不能驱动下面哪个软元件？（　　　　）

　　　A．X　　　　B．Y　　　　C．T　　　　D．C

二、设计题

（1）按下按钮 SB1，小灯 L1 都长亮，按下按钮 SB4 或 SB5，小灯 L1 都熄灭，试设计 PLC 控制程序。

（2）按下按钮 SB1，小灯 L1 长亮，在小灯 L1 长亮后按下按钮 SB2，小灯 L2 长亮，按下按钮 SB3，小灯 L1、L2 都熄灭，试设计 PLC 控制程序。

（3）按下按钮 SB1，小灯 L1 长亮，松开按钮，小灯灭。按下按钮 SB2 后，小灯 L2 长亮，按下按钮 SB3 后，小灯 L2 灭，试设计 PLC 控制程序。

（4）按下按钮 SB1，小灯 L1 长亮。L1 亮后，按下按钮 SB2，小灯 L2 长亮，L1 熄灭。L1 不亮，SB2 不起作用，试设计 PLC 控制程序。

（5）按下按钮 SB1，小灯 L1、L2、L3 一起长亮。按下按钮 SB2，小灯 L1 熄灭；之后按下按钮 SB3，小灯 L2 熄灭；之后按下按钮 SB4，小灯 L3 熄灭。L1 熄灭之后，L2 才能熄灭，L2 熄灭之后，L3 才能熄灭，试设计 PLC 控制程序。

项目四　PLC 控制物料报警系统

项目要求

学会使用辅助继电器和定时指令。

学习 PLC 程序逐步编程的方法及编程规则。

通过学习，能够熟练掌握 FX2N-48MR 型 PLC 的外部接线。

【设计背景】

物料报警系统能够实现仓库对生产线所缺物料进行目视化管理及信息化生产，解决仓库与生产线脱节的现象，使仓库即时处理生产线缺料情况，物料管理人员可以及时备料、送料，避免物料在生产线的堆积和供应不及，减少搬运浪费，并且可以用于生产线的维修、指导或授权呼叫，保证生产线的正常运行，提高工作效率。

任务一　学习辅助继电器

PLC 中有很多辅助继电器，其线圈和输出继电器一样，由 PLC 内各软元件的触点驱动。辅助继电器也称中间继电器，它没有向外的任何联系，只供内部编程使用，我们可以看到任何类型的 PLC 只有输入（X 端）继电器和输出（Y 端）继电器。辅助继电器的使用次数不受限制，但是这些触点不能直接驱动外部负载，外部负载的驱动必须通过输出继电器（线圈）来实现。

一、辅助继电器的符号：M

（1）辅助继电器线圈的符号为（M×），M 后面是辅助继电器的编号。

（2）辅助继电器常开触点的符号为 —┤├—。

（3）辅助继电器常闭触点的符号为——|/|——。

二、辅助继电器的分类

（1）通用型辅助继电器

在编程中经常使用的是通用型辅助继电器，编号为 M0～M499，共 500 点，其地址按十进制编号。通用型辅助继电器与输入端、输出端无对应关系，其触点只供内部编程使用。合理利用通用型辅助继电器可以实现输入与输出之间的复杂变换。

（2）断电保持类辅助继电器

这种辅助继电器具有记忆功能，PLC 若在运行中发生停电，再次来电后，其原先的状态不变，编号为 M500～M1023，共 524 点。

（3）特殊辅助继电器

具有特定功能的辅助继电器不能用做其他用途，编号为 M8000～M8255，共 256 点。以下是部分常用特殊辅助继电器的具体分类表，见表 4-1。

表 4-1　特殊辅助继电器的具体分类表

特殊辅助继电器	M8000	运行（RUN）监控，在 PLC 运行时自动接通
	M8002	初始脉冲，只有在 PLC 开始运行的第一个扫描周期接通
	M8012	100ms 时钟脉冲
	M8013	1s 时钟脉冲
	M8033	PLC 停止运行时输出保持
	M8034	禁止全部输出

三、辅助继电器的工作原理

辅助继电器线圈与输出线圈的工作原理一样，当线圈得电时，常开触点闭合，常闭触点断开。但要求线圈、常开触点和常闭触点的编号一致。

四、辅助继电器的应用

辅助继电器的应用非常简单，它仅仅是起到了一个中间人的作用，我们通过和输入、输出继电器的应用对比，从而总结出辅助继电器的应用方法。具体见例 4-1。

例 4-1：按下按钮 SB5，HL1 亮；按下按钮 SB6，HL1 灭。按步骤设计 PLC 控制电路。

【分析】前面我们用输入、输出继电器很快可以实现这样一个控制电路，回忆 PLC 具体操作步骤，见方法一。

方法一：

（1）根据以上控制要求，列出输入/输出点分配表（见表 4-2）。

表 4-2　输入/输出点分配表

输　入		输　出	
名　称	输　入　点	名　称	输　出　点
按钮 SB5	X0	HL1	Y6
按钮 SB6	X1		

（2）外部接线（如图 4-1 所示）。

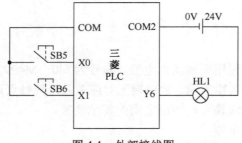

图 4-1　外部接线图

（3）编写程序。

```
0  X000  X001                                        ( Y006 )
   ─┤├──┤/├──────────────────────────────────────
   Y006
   ─┤├─

4  ─────────────────────────────────────────────[ END ]
```

（4）将程序传入 PLC 中。

（5）调试、运行。

【思考】

如何用辅助继电器实现呢？辅助继电器在程序中的应用充当了一个"中间人"的角色。比如，甲借了乙的东西，甲可以直接还给乙（甲—乙），甲也可以通过丙还给乙（甲—丙—乙）。具体解题过程见方法二。

方法二：

（1）根据以上控制要求，列出输入/输出点分配表（见表 4-3）。

表 4-3　输入/输出点分配表

输　　　入		输　　　出	
名　　称	输　入　点	名　　称	输　出　点
按钮 SB5	X0	HL1	Y6
按钮 SB6	X1		

注：输入/输出点分配表是针对输入和输出而言的，通过本任务前三点的学习我们知道，辅助继电器不对外输出，只是内部输出，所以我们的输入、输出分配表不变。

（2）外部接线如图 4-1 所示（因为辅助继电器线圈不对外输出，所以接线图不变）。

（3）利用三菱 PLC 编程软件 FXGPWIN 编写梯形图。

```
0  X000  X001                                        ( M0 )
   ─┤├──┤/├──────────────────────────────────────
   M0
   ─┤├─

4  M0                                                 ( Y006 )
   ─┤├──────────────────────────────────────────

6  ─────────────────────────────────────────────[ END ]
```

注：按下按钮 SB5，X0 瞬间得电闭合→辅助继电器线圈 M0 得电→M0 常开触点闭合→实现自锁→输出继电器线圈 Y6 得电（HL1 亮）。

按下按钮 SB6，X1 瞬间得电断开→辅助继电器线圈 M0 失电→M0 常开触点恢复常开→常开触点断开→输出继电器线圈 Y6 失电（HL1 灭）。

（4）将程序传入 PLC 中。

（5）调试、运行。

【总结】由方法一和方法二可以看出，辅助继电器的应用一般选用通用型，其工作原理和输出继电器的工作原理一样。要补充说明的是，对于较简单的程序来说，用辅助继电器控制显得比较烦琐，例如，方法一直接用了输出继电器程序共 4 步，而方法二加上了辅助继电器程序共 6 步，所以辅助继电器一般用于较复杂的程序设计中。

任务二 学习定时器

FX 系列可编程控制器中的定时器，按照是否有后备电源，可以分为非积算定时器和积算定时器两种，具体分类见表 4-4。非积算定时器没有后备电源，在定时过程中如果遇到断电或者驱动定时器线圈的输入断开，恢复供电后，定时器从零开始重新定时。而积算定时器具有断电保持功能，在定时过程中如果遇到断电或者驱动定时器线圈的输入断开，恢复供电后，定时器将在原先定时的数值基础上继续定时，定时到与设定的定时值相等为止。

一、定时器的符号及分类

1．定时器的符号：T

（1）定时器线圈的符号为（T× K×），T 后面是定时器的编号，K 后面是设定的定时时间。

（2）定时器常开触点的符号为 —| |—。

（3）定时器常闭触点的符号为 —|/|—。

2．定时器的分类（见表 4-4）。

表 4-4 定时器的具体分类表

定时器	非积算定时器	100ms/0.1s 定时器：T0～T199（共 200 点）
		定时范围：0.1～3276.7s
		10ms/0.01s 定时器：T200～T245（共 46 点）
		定时范围：0.01～327.67s
	积算定时器	1ms 积算定时器：T246～T249（共 4 点）
		定时范围：0.001～32.767s
		100ms 积算定时器：T250～T255（共 6 点）
		定时范围：0.1～3276.7s

二、定时器的输入方法

首先要选择定时器的类型。因为不需要断电保持功能，所以我们选择"非积算定时器"。而"非积算定时器"中又有两种定时器：0.1s 定时器和 0.01s 定时器。我们以定时 10s 为例，分别用这两种定时器实现。

1. "0.1s 定时器"实现 10s 定时功能

因为 T0～T199 都是 100ms 定时器，所以我们可以在此范围内任选一个定时器。假设我们选的是"T0"定时器，K 后面设定的定时时间=题中要求定时的时间÷0.1s，则 K 后面设定的定时时间=10s÷0.1s=100。算好设定的定时时间后，我们可以很快地把定时器线圈、定时器常开触点和定时器常闭触点表示出来。有两种输入方法，具体如下。

【第一种：指令输入法】

（1）输入定时器线圈。直接在相应位置输入指令"OUT T0 K100"，在刚输完第一个字母的时候会弹出一个对话框 `▯        ×`，请接着输入，在输入时"T0"和"K"之间要用一个空格隔开，否则会导致输入错误。当输入完毕看到对话框 `out t0 k100    ×` 时，按回车键即可。

（2）输入定时器常开触点。直接在相应位置输入指令"ld T0"，在刚输完第一个字母的时候会弹出一个对话框 `▯        ×`，请接着输入，在输入时"ld"和"T0"之间要用一个空格隔开，否则会导致输入错误。当输入完毕看到对话框 `ld t0    ×` 时，按回车键即可。

（3）输入定时器常闭触点。直接在相应位置输入指令"ldi　T0"，在刚输完第一个字母的时候会弹出一个对话框 `▯        ×`，请接着输入，在输入时"ldi"和"T0"之间要用一个空格隔开，否则会导致输入错误。当输入完毕看到对话框 `ldi t0      ×` 时，按回车键即可。

【第二种：快捷键输入法】

（1）输入定时器线圈。

①把"光标"移到相应位置，按快捷键"F7"，此时出现一个对话框，如图 4-2 所示。

②接着再按一下"Tab"键或者按两下"Enter"键把光标移入空白的对话框中，然后在空白的对话框中输入"T0 K100"（在输入时"T0"和"K"之间要用一个空格隔开，否则会导致输入错误），如图 4-3 所示。

图 4-2　输入定时器线圈步骤 1

图 4-3　输入定时器线圈步骤 2

③最后按"Enter"键即可，如图 4-4 所示。

（2）输入定时器常开触点。

①把"光标"移到相应位置，按快捷键"F5"，此时出现一个对话框，如图 4-5 所示。

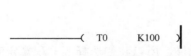

图 4-4　输入定时器线圈步骤 3

图 4-5　输入定时器常开触点步骤 1

②接着再按一下"Tab"键或者按两下"Enter"键把光标移入空白的对话框中，然后在空白的对话框中输入"T0"，如图 4-6 所示。

③最后按"Enter"键即可，结果如图 4-7 所示。

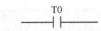

图 4-6　输入定时器常开触点步骤 2　　　　图 4-7　输入定时器常开触点步骤 3

（3）输入定时器常闭触点。

①把"光标"移到相应位置，按快捷键"F6"，出现一个对话框，如图 4-8 所示。

②接着再按一下"Tab"键或者按两下"Enter"键把光标移入空白的对话框中，然后在空白的对话框中输入"T0"，如图 4-9 所示。

图 4-8　输入定时器常闭触点步骤 1　　　　图 4-9　输入定时器常闭触点步骤 2

③最后按"Enter"键即可，如图 4-10 所示。

图 4-10　输入定时器常闭触点步骤 3

2. "0.01s 定时器"实现 10s 定时功能

因为 T200～T245 都是 0.01s 定时器，所以我们可以在此范围内任选一个定时器。假设我们选的是"T200"定时器，K 后面设定的定时时间=题中要求的定时时间÷0.01s，则 K 后面设定的定时时间=10s÷0.01s=1000。算好设定的定时时间后，我们可以很快把定时器线圈、定时器常开触点和定时器常闭触点表示出来。有两种输入方法，具体的输入方法和"0.1s 定时器"实现 10s 定时功能的输入方法一致，只不过 K 后面设定的时间由"100"改成了"1000"而已。

三、定时器的工作原理

定时器线圈与输出线圈的工作原理一样，当线圈得电时，常开触点闭合、常闭触点断开。但要求线圈、常开触点和常闭触点的编号一致。

四、定时器的功能

定时指令的应用体现在两个方面：一是断电延时功能的应用；二是通电延时指令的应用。在较复杂的程序中，通常将两种功能综合起来应用。

1. 断电延时功能

所谓断电延时是指动作不立刻停止，而是经过一段时间延时，当延时时间到动作才停止。

例 4-2：按下开关，指示灯 HL2 亮，亮 5s 后指示灯熄灭。

① 根据以上控制要求，列出输入/输出点分配表（见表 4-5）。

表 4-5 输入/输出点分配表

输 入		输 出	
名 称	输 入 点	名 称	输 出 点
开关	X0	指示灯 HL2	Y0

② 用梯形图编写程序。

第一步：按下开关，指示灯 HL2 亮。

```
    X000
0 ──┤ ├─────────────────────────────────( Y000 )
    Y000
  ──┤ ├──
```

【思考】指示灯亮 5s，怎样实现？

第二步：按下开关，指示灯 HL2 亮，亮 5s，如何利用定时器实现我们的要求？选用合适的定时器，题中选用了 0.1s 定时器 T0～T199 ；设置定时时间，设定的定时时间=5÷0.1=50s。

```
    X000
0 ──┤ ├─────────────────────────────────( Y000 )
    Y000
  ──┤ ├──
    Y000
3 ──┤ ├─────────────────────────────( T0    K50 )
```

第三步：按下开关，指示灯 HL2 亮，亮 5s 指示灯熄灭。根据定时器的工作原理：线圈得电，常开触点闭合、常闭触点断开，从而总结出选择定时器的常闭触点来控制指示灯的熄灭。

```
    X000    T0
0 ──┤ ├────┤/├───────────────────────────( Y000 )
    Y000
  ──┤ ├──
    Y000
4 ──┤ ├─────────────────────────────( T0    K50 )

8 ───────────────────────────────────────[ END ]
```

【思考】这个梯形图可以简化吗？简化程序如下：

```
    X000    T0
0 ──┤ ├────┤/├───────────────────────────( Y000 )
    Y000
  ──┤ ├──
                    ─────────────────( T0    K50 )
7 ───────────────────────────────────────[ END ]
```

2. 通电延时功能。 所谓通电延时是指不立刻执行动作，而是经过一段时间的延时，当延时时间到动作才执行。

例 4-3：按下开关，5s 后指示灯 HL2 亮。

① 列出输入/输出（I/O）点分配表（见表 4-6）。

表 4-6　输入/输出点分配表

输　入		输　出	
名　　称	输　入　点	名　　称	输　出　点
开关	X0	指示灯 HL2	Y0

② 利用梯形图编写程序。

第一步：按下开关，中间继电器 M0 线圈得电（M0 线圈是个辅助继电器，不会对外输出）。

第二步：计时 5s，如何利用定时器实现我们的要求？（对辅助继电器定时 5s，来显示电路通了 5s）。

第三步：5s 的时间到，指示灯 HL2 亮（根据定时器的工作原理：线圈得电，常开触点闭合，常闭触点断开，从而总结出选择定时器的常开触点来控制指示灯亮）。

3. 定时器的振荡程序

定时器的振荡程序一般应用在报警闪烁电路中，通常分为三类。

【定时器的振荡程序一】定时器振荡程序一的梯形图如图 4-11 所示，当常开触点 X001 闭合后，定时器 T1 线圈得电定时，0.5s 后定时器 T1 常开触点闭合，此时接触器 Y001 得电，同时定时器 T2 线圈得电定时，0.5s 后 T2 常闭触点断开使定时器 T1 线圈失电，即 T1 常开触点断开，此时接触器 Y001 线圈失电，如此循环下去，如图 4-12 所示为波形图。

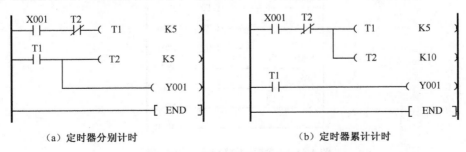

（a）定时器分别计时　　　　　　　　　（b）定时器累计计时

图 4-11　定时器振荡程序一的梯形图

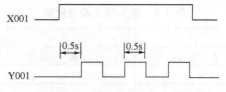

图 4-12　定时器振荡程序一的波形图

【定时器的振荡程序二】定时器的振荡程序二的梯形图如图 4-13 所示，当常开触点 X001 闭合后，定时器 T1 线圈得电，同时接触器 Y001 线圈得电，0.5s 后定时器 T1 常闭触点断开，此时接触器 Y001 失电，同时定时器 T1 的常开触点闭合使定时器 T2 线圈得电定时，0.5s 后定时器 T2 常闭触点断开使定时器 T1 线圈失电，即 T1 常开触点断开、T1 常闭触点恢复闭合。此时接触器 Y001 线圈又得电，如此循环下去，如图 4-14 所示为波形图。

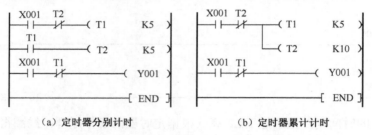

（a）定时器分别计时　　　　　　　　　（b）定时器累计计时

图 4-13　定时器振荡程序二的梯形图

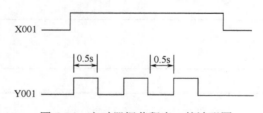

图 4-14　定时器振荡程序二的波形图

【定时器的振荡程序三】定时器的振荡程序三的梯形图如图 4-15 所示，当常开触点 X001 闭合后，定时器 T0、T1、T2 线圈得电，同时接触器 Y000 线圈得电；10s 后定时器 T0 常闭触点断开，接触器 Y000 线圈失电，同时定时器 T0 常开触点闭合，接触器 Y001 线圈得电；20s 后定时器 T1 常闭触点断开，接触器 Y001 线圈失电，同时定时器 T1 常开触点闭合，接触器 Y002 线圈得电；30s 后定时器 T2 常闭触点断开，接触器 Y002 线圈失电，同时定时器 T0、T1、T2 线圈失电，循环结束，如图 4-16 所示为波形图。

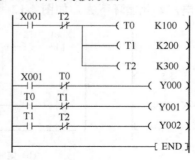

图 4-15　定时器振荡程序三的梯形图

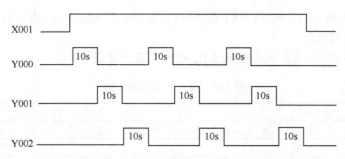

图 4-16　定时器振荡程序三的波形图

例 4-4：按下启动按钮，指示灯 HL1、HL2 亮，亮 10s 后指示灯均熄灭。试设计 PLC 控制电路。

（1）根据以上控制要求，列出输入/输出点分配表（见表 4-7）。

表 4-7　输入/输出点分配表

输　　入		输　　出	
名　　称	输　入　点	名　　称	输　出　点
启动按钮	X0	指示灯 HL1	Y1
		指示灯 HL2	Y2

（2）外部接线（如图 4-17 所示）。

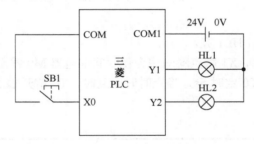

图 4-17　外部接线图

（3）编写程序。

①按下启动按钮，指示灯 HL1、HL2 亮。

②亮 10s 后指示灯均熄灭。

（4）将梯形图传入 PLC 中。

（5）运行。

例 4-5：按下按钮 SB1，5s 后 HL1 亮；HL1 亮 10s 后 HL2 亮；按下按钮 SB2，两灯均熄灭。试设计 PLC 控制电路。

（1）根据以上控制要求，列出输入/输出点分配表（见表 4-8）。

表 4-8　输入/输出点分配表

输　入		输　出	
名　称	输 入 点	名　称	输 出 点
按钮 SB1	X1	HL1	Y1
按钮 SB2	X2	HL2	Y2

（2）外部接线（如图 4-18 所示）。

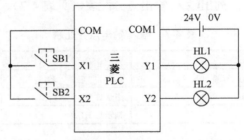

图 4-18　外部接线图

（3）编写程序。

①按下按钮 SB1，5s 后 HL1 亮。

分析：按下启动按钮后，X1 触点瞬间闭合使中间继电器 M0 线圈得电，继而 M0 常开触点闭合实现自锁，由定时器 T0 定时 5s，当定时时间到时，T0 常开触点闭合，Y1 线圈得电即指示灯 HL1 亮。

```
    X001
0 ──┤├──────────────────────────────( M0 )
    M0
  ──┤├──────────────────────( T0    K50 )
    T0
6 ──┤├──────────────────────────────( Y001 )
```

②HL1 亮 10s 后 HL2 亮。

分析：Y1 线圈得电定时，当 T1 定时器的定时时间到时，其常开触点闭合，则 Y2 线圈得电，即指示灯 HL2 亮。

```
     X001
0  ──┤├──────────────────────────────( M0 )
     M0
   ──┤├──────────────────────( T0    K50 )
     T0
6  ──┤├──────────────────────────────( Y001 )

   ──────────────────────────( T1    K100 )
     T1
11 ──┤├──────────────────────────────( Y002 )
```

③按下按钮 SB2，两灯均熄灭。

分析：将 X2 常闭触点加在 M0 支路上，当按下停止按钮 SB2 时，X2 常闭触点瞬间断开，M0 线圈失电使定时器 T0 线圈失电，T0 常开触点恢复断开使 Y1 线圈失电（HL1 熄灭）、定时器 T1 线圈失电，T1 常开触点恢复断开使 Y2 线圈失电（HL2 熄灭）。

（4）将梯形图传入 PLC 中。

（5）运行。

例 4-6：有一个绿色警示灯，按下启动按钮 SB5 后，该警示灯亮 5s 灭 2s 不断循环，期间若按下停止按钮 SB6，绿色警示灯立刻熄灭。按步骤设计 PLC 控制电路。

（1）根据以上控制要求，列出输入/输出点分配表（见表 4-9）。

表 4-9　输入/输出点分配表

输　入		输　出	
名　称	输　入　点	名　称	输　出　点
启动按钮 SB5	X1	绿色警示灯	Y16
停止按钮 SB6	X2		

（2）外部接线（如图 4-19 所示）。

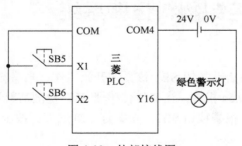

图 4-19　外部接线图

（3）编写程序（梯形图编写）。

① 按下启动按钮后，该警示灯亮 5s 后灭。

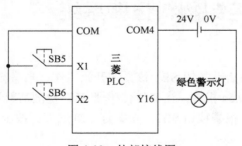

② 按下启动按钮后，该警示灯亮 5s 灭 2s 不断循环。

```
      X001    T0
0   ──┤├──┬──┤/├──────────────────────────────────( Y016 )
      Y016 │
    ──┤├──┘      │
                 └─────────────────────────────────( T0    K50 )
      Y016
7   ──┤/├──────────────────────────────────────────( T1    K20 )
```

③ 按下启动按钮后，该警示灯亮 5s 灭 2s 不断循环。

```
      X001    T0
0   ──┤├──┬──┤/├──────────────────────────────────( Y016 )
      Y016 │
    ──┤├──┤
      T1   │
    ──┤├──┘      │
                 └─────────────────────────────────( T0    K50 )
      Y016
8   ──┤/├──────────────────────────────────────────( T1    K20 )
```

思考：此时定时器 T1 线圈会自动得电，导致 Y16 线圈自动得电，即绿色警示灯不受启动按钮的控制。

④ 期间若按下停止按钮，绿色警示灯立刻熄灭。

```
      X001    X002
0   ──┤├──┬──┤/├──────────────────────────────────( M0 )
      M0   │
    ──┤├──┘
      X001    T0    M0
4   ──┤├──┬──┤/├──┤├──────────────────────────────( Y016 )
      Y016 │
    ──┤├──┤
      T1   │
    ──┤├──┘         │
                    └──────────────────────────────( T0    K50 )
      Y016    M0
13  ──┤/├──┤├────────────────────────────────────( T1    K20 )

18  ─────────────────────────────────────────────[ END ]
```

任务三　PLC 控制物料报警系统

【控制要求】

某盛料报警系统，按下启动按钮 SB1 该系统开始工作，当盛料传感器 SV1 检测盛料过少时，红色报警灯亮 0.5s 灭 0.5s 报警；当盛料传感器 SV2 检测盛料过多时，黄色报警灯以 2Hz 的频率闪烁报警。按下解除报警按钮 SB2，报警灯立刻熄灭。按步骤设计 PLC 控制电路。

【物料报警系统分析】

黄色报警灯以 2Hz 的频率闪烁报警：频率 f=2Hz，周期 T=1/f=0.5s，因此可以得出黄色报警灯亮 0.25s，波形图如图 4-20 所示。

物料报警系统工作流程图如图 4-21 所示。

【物料报警控制实施过程】

（1）根据以上控制要求，列出输入/输出点分配表（见表 4-10）。

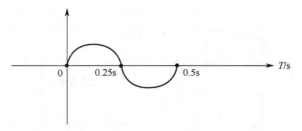

图 4-20　波形图

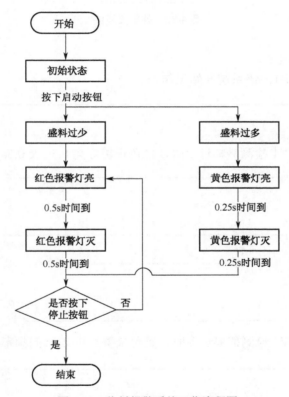

图 4-21　物料报警系统工作流程图

表 4-10　PLC 控制多个指示灯运行输入/输出点分配表

输　入		输　出	
名　　称	输　入　点	名　　称	输　出　点
启动按钮 SB1	X0	红色报警灯	Y1
盛料传感器 SV1	X1	黄色报警灯	Y2
盛料传感器 SV2	X2		
解除报警按钮 SB2	X3		

（2）外部接线（如图 4-22 所示）。

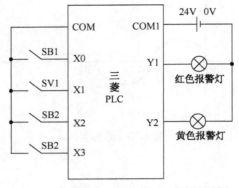

图 4-22　外部接线图

（3）编写程序。

①利用梯形图编写程序。

a）按下启动按钮 SB1，该系统开始工作。

```
     X000
0 ───┤├──────┬─────────────────────────────( M0 )
     M0      │
  ───┤├──────┘
```

b）当盛料传感器 SV1 检测盛料过少时，红色报警灯亮 0.5s 灭 0.5s 报警。

```
     X000
0 ───┤├──────┬─────────────────────────────────( M0 )
     M0      │
  ───┤├──────┘
     X001    M0      T0
3 ───┤├──────┤├──────┤/├───────────────────────( Y001 )
     Y001            T1
  ───┤├──────┬──────┤/├─────────────────( T0   K5 )
     T1      │
  ───┤├──────┘
     T0
15 ──┤├──────────────────────────────────( T1   K5 )
```

c）当盛料传感器 SV2 检测盛料过多时，黄色报警灯以 2Hz 的频率闪烁报警。

```
     X000
0 ───┤├──────┬─────────────────────────────────( M0 )
     M0      │
  ───┤├──────┘
     X001    M0      T0
3 ───┤├──────┬┤├──────┤/├──────────────────────( Y001 )
     Y001    │        T1
  ───┤├──────┤       ┤/├────────────────( T0   K5 )
     T1      │
  ───┤├──────┘
     T0
15 ──┤├──────────────────────────────────( T1   K5 )
     X002    M0      T200
19 ──┤├──────┤├──────┤/├───────────────────────( Y002 )
     Y002            T201
  ───┤├──────┬──────┤/├────────────────( T200  K25 )
     T201    │
  ───┤├──────┘
     T200
31 ──┤├──────────────────────────────────( T201  K25 )
```

d）按下解除报警按钮 SB2，报警灯立刻熄灭。

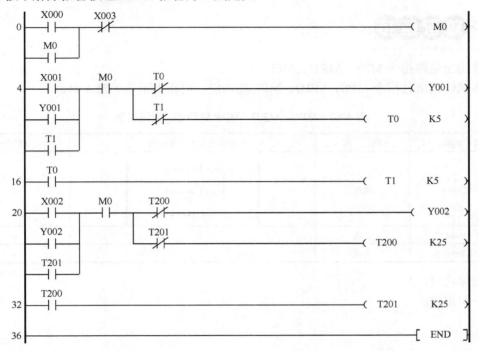

②利用状态图编写程序。

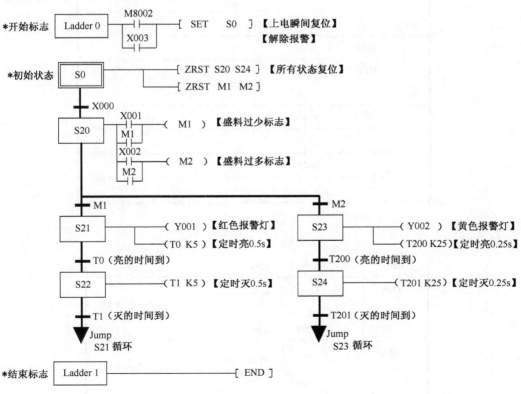

③利用指令编写程序。

多重输出电路指令 MPS、MRD、MPP

①多重输出电路指令 MPS、MRD、MPP 的功能、电路表示等见表 4-11。

表 4-11 MPS、MRD、MPP 的功能、电路表示

符号、名称	功　能	电路表示及操作元件	程序步
MPS（Push）	进栈	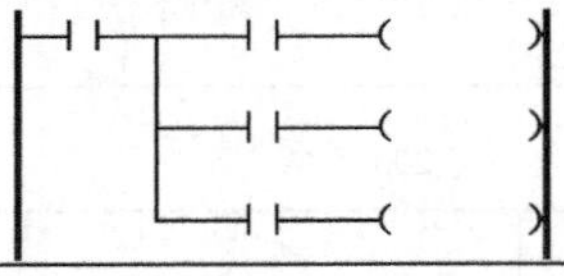	1
MRD（Read）	读栈		1
MPP（Pop）	出栈		1

②应用实例。

一层堆栈：

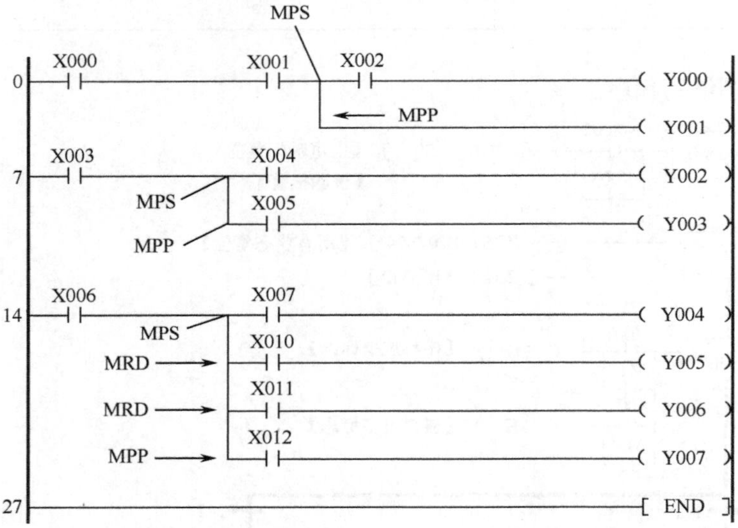

二层堆栈：

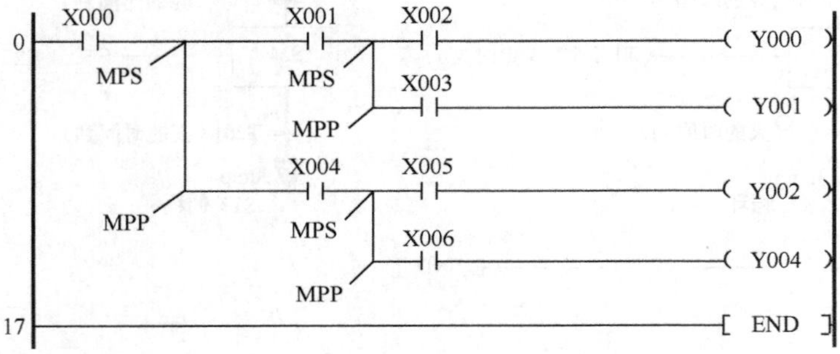

③使用注意事项。

MPS、MRD、MPP 指令分别为进栈、读栈、出栈指令，用于多重输出电路，可将连续点先存储，然后用于连接后面的电路。该组指令没有操作元件。

在 FX2N 系列可编程控制器中有 11 个用来存储运算中间结果的存储区域，被称为栈存储器。使用一次 MPS 指令，便将此刻的运算结果送入堆栈的第一层，而将原存在于第一层的数据移到堆栈的下一层。使用 MPP 指令，各数据顺次向上一层移动，最上层的数据被读出，同时该数据从堆栈内消失。MPS、MPP 必须成对使用，而且连续使用应少于 11 次。

具体指令如下：

```
0    LD     X000
1    OR     M0
2    ANI    X003
3    OUT    M0
4    LD     X001
5    OR     Y001
6    OR     T1
7    ANI    X003
8    AND    M0
9    MPS
10   ANI    T0
11   OUT    Y001
12   MPP
13   ANI    T1
14   OUT    T0      K5
17   LD     T0
18   OUT    T1      K5
21   LD     X001
22   OR     Y001
23   OR     T1
24   ANI    X003
25   AND    M0
26   MPS
27   ANI    T0
28   OUT    Y001
29   MPP
30   ANI    T1
31   OUT    T0      K5
34   LD     T200
35   OUT    T201    K25
38   END
```

（4）将程序传入 PLC 中。

（5）调试、运行。

 课后思考题

一、选择题

（1）FX2N 系列 PLC 中最常用的两种常数是 K 和 H，其中以 K 表示的是（　　）进制数。

　　A．二　　　　　B．八　　　　　C．十　　　　　D．十六

（2）FX2N 系列 PLC 中通用定时器的编号为（　　）。

　　A．T0～T256　　B．T0～T245　　C．T1～T256　　D．T1～T245

（3）FX2N 系列通用定时器分为 100ms 和（　　　）两种。

    A．1000ms　　　　　B．10ms　　　　　　C．1ms

（4）FX2N 系列累计定时器分为 1ms 和（　　　）两种。

    A．1000ms　　　　　B．100ms　　　　　C．10ms

二、设计题

（1）某车间有 4 台通风机，设计 1 个监视系统，监视通风机的运转。要求如下：4 台通风机中有 2 台及以上开机时，绿灯长亮；只有 1 台开机时，绿灯以 1Hz 的频率闪烁；4 台全部停机时，红灯长亮，试设计 PLC 控制程序。

（2）有一灯塔控制系统，接通 SD 电源开关 2s 后，L1 指示灯点亮，又经过 2s 后，L2、L3 同时点亮，再经过 2s 后，L4、L5 同时点亮；断开 SD 电源开关，3s 后 L1 熄灭，又经过 3s 后 L2、L3 同时熄灭，再经过 3s 后 L4、L5 同时熄灭。设计此灯塔的 PLC 的控制程序。

（3）有一润滑装置，进行润滑 10s 间歇 5s 的循环。在间歇状态下，指示灯 HL1 长亮，等待润滑；等待时间超过 5s 时，HL1 由长亮变为每秒闪烁亮 2 次；当开始润滑时，HL1 熄灭，HL2 长亮。试设计 PLC 控制程序。

（4）一台包装机对 10 个一组的产品进行包装，用光电传感器检测通过装配线上的产品个数，把信号传递给 PLC，每次有 10 个产品通过，PLC 便产生一个输出信号，接通电磁阀 5s 以进行包装工序。设计此包装机的控制程序。

项目五 PLC 控制密码锁装置

项目要求

学会利用计数指令和顺序复位指令 "ZRST"。

熟悉使用 SFC 语言编制用户程序。

进一步理解 PLC 应用设计的步骤。

【设计背景】随着人们生活水平的提高，如何解决家庭防盗问题也变得尤其突出。传统的机械锁构造相对简单，容易被撬开；同时机械锁配有金属钥匙，如果钥匙丢了，锁可能也就没用了。电子锁保密性高，密码泄露了，换个密码，锁照样能用；使用灵活性好，忘记密码，可以通过功能键，给用户提示密码；安全系数高，能够防止不法分子多次试探密码；性价比高，因此，密码锁得到了广泛应用。本项目介绍了由 PLC 控制的密码锁装置系统。

任务一 学习计数指令

一、计数器的符号

（1）计数器线圈的符号为（C× K×），C 后面是计数器的编号，K 后面是设定的次数。

（2）计数器常开触点的符号为—| |—。

（3）计数器常闭触点的符号为—|/|—。

二、计数器的分类

FX2N 系列的计数器分为内部信号计数器（简称内部计数器）和外部高速计数器（简称高速计数器）。计数器的具体分类，见表 5-1。

表 5-1　计数器的分类

计数器类型	计数器名称	计数器编号	设 定 范 围
16 位加计数器	16 位通用计数器	C0～C99	1～32767
	16 位锁存计数器	C100～C199	1～32767
32 位双向计数器	32 位通用双向计数器	C200～C219	−2147483648～+2147483647
	32 位锁存双向计数器	C220～C234	−2147483648～+2147483647
高速计数器		C235～C255	−2147483648～+2147483647

1．内部计数器

内部计数器是在执行扫描操作时对内部元件（如 X、Y、M、S、T、C）的信号进行计数的计数器。内部计数器按位数分为 16 位加计数器和 32 位双向计数器；按其功能可以分为通用型计数器和锁存型计数器。

（1）16 位通用计数器的应用，见例 5-1。

例 5-1：有一计数器装置，当按下故障按钮的次数达到 3 次时，故障指示灯亮。工作人员完成维修后按下故障解除按钮，故障指示灯熄灭。

①列出输入/输出点分配表（见表 5-2）。

表 5-2　输入/输出点分配表

输　　入		输　　出	
名　　称	输　入　点	名　　称	输　出　点
故障解除按钮	X0	故障指示灯	Y0
故障按钮	X1		

②编写程序。

```
      X000
  0   ┤├                                              [ RST    C0  ]
      X001
  3   ┤├                                              ( C0     K3  )
      C0
  7   ┤├                                              ( Y000      )

  9                                                   [ END       ]
```

【工作原理分析】接通 X0 常开触点后，C0 复位，对应的位存储单元被置 0，C0 的常开触点断开（其常闭触点接通），同时计数器当前值被置 0（清零）。X1 作计数的输入信号，当计数器的复位输入电路断开，计数输入电路由断开变为接通（即计数脉冲的上升沿）时，计数器的当前值加 1，在 3 个计数脉冲之后，C0 的当前值等于设定值 3 时，它对应的位存储单元的内容被置为 1，其 C0 常开触点接通，常闭触点断开，再来计数脉冲时，当前值不变，直到复位输入电路接通，计数器的当前值被置 0 为止，工作过程如图 5-1 所示的波形图。

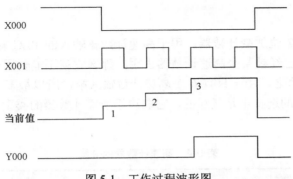

图 5-1　工作过程波形图

（2）16 位锁存计数器

16 位锁存计数器具有电池后备/锁存功能，断电后重新送电，设备能立即恢复电时的工作状态。

（3）32 位双向计数器

32 位双向计数器其加/减计数方式由特殊辅助继电器 M8200～M8234 设定，当对应的特殊辅助继电器为 ON 时，为减计数器，反之为加计数器。

例 5-2：有一个指示灯控制系统，送上电源开关，当按下控制按钮 SB1 达到 3 次时，指示灯 HL1 亮。按下复位按钮 SB2 时，指示灯 HL1 熄灭。

①列出输入/输出点分配表（见表 5-3）。

表 5-3　输入/输出点分配表

输　　入		输　　出	
名　　称	输　入　点	名　　称	输　出　点
电源开关	X2	指示灯 HL1	Y1
复位按钮 SB2	X3		
控制按钮 SB1	X4		

②编写程序。

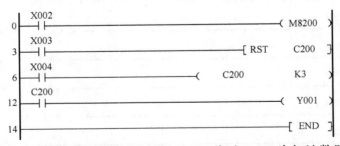

【工作原理分析】当 X2 断开时，M8200 为 OFF，此时 C200 为加计数器，若计数器的当前值由 2 加到 3，计数器的输出触点为 ON，当前值为 3 时，输出触点仍为 ON；当 X2 接通时，M8200 为 ON，此时 C200 为减计数器，若计数器的当前值由 3 减到 2，计数器的输出触点为 OFF，当前值为 2 时，输出触点仍为 OFF。当 X3 的常开触点接通时，C200 被复位，其常开触点断开，常闭触点接通，当前值被置为 0。

（4）32 位锁存双向计数器

32 位锁存计数器与 16 位锁存计数器一样，具有电池后备/锁存功能。

2. 高速计数器

高速计数器均为 32 位加减计数器。用于高速计数器输入的 PLC 输入端仅有 6 个（X0～X5），如果其中有一个已经被某个高速计数器占用，那么它就不能再用于其他高速计数器的输入（或其他用途）。换言之，由于只有 6 个高速计数输入端，所以最多只能有 6 个高速计数器同时工作。高速计数器的选择不是任意的，它取决于所需计数器的类型及高速输入端子，高速计数器的分类见表 5-4。

表 5-4　高速计数器的分类

高速计数器的类型	计数器编号
单相无启动/复位端子	C235～C240
单相带启动/复位端子	C241～C245
单相双输入（双向）	C246～C250
双向输入（A-B 相型）	C251～C255

不同类型的高速计数器可以同时使用，但是它们的高速计数器输入点不能冲突，高速计数器的运行建立在中断的基础上，与扫描时间无关。在对外部高速脉冲计数时，梯形图中高速计数器的线圈应一直通电，以表示与它有关的输入点已经被使用，其他高速计数器的处理不能与它冲突。

三、计数器的应用

（1）计数器的应用条件：①计数条件；②复位（清零）条件。以例 5-1 为例。计数：（C0 K3）；复位：[RST C0]。

（2）两个计数器接力计数

FX2N 系列 PLC 的 16 位计数器的最大计数次数为 32767。若实际应用中所需的计数次数大于计数器的最大值，除了可以采用 32 位计数器之外，还可以采用多个计数器接力计数。通常情况下，两个计数器接力计数有两种方法：计数次数为两计数器设定值之和接力计数及计数次数为两计数器设定值之积接力计数。具体设定梯形图如下。

方法一：计数次数为两计数器设定值之和的梯形图，如图 5-2 所示。

图 5-2　计数次数为两计数器设定值之和的梯形图

【工作原理分析】计数器 C1 对 X1 的脉冲进行计数，当计数次数达到 2000 时，用计数器 C1 的常开触点和输入信号 X3 启动计数器 C2 计数，当计数次数达到 3000 时，计数器 C2 的常开触点闭合，从而控制 Y1 线圈得电，最终的计数次数为 C1 与 C2 的设定值之和。

方法二：计数次数为两计数器设定值之积的梯形图，如图 5-3 所示。

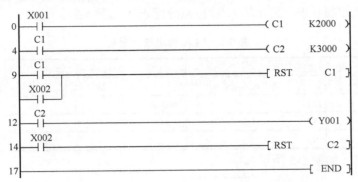

图 5-3　计数次数为两计数器设定值之积的梯形图

【工作原理分析】计数器 C1 对 X1 的脉冲进行计数，计数器 C2 对计数器 C1 的脉冲进行计数，当 C1 计数达到 2000 时，计数器 C1 的常开触点闭合，使计数器 C1 的线圈复位，同时使计数器 C2 的线圈得电，最后用计数器 C2 的常开触点控制 Y1 线圈得电。

任务二　PLC 控制密码锁装置

【控制要求】一个密码锁有三个键 SB1～SB3，其控制条件如下：SB1 键设定按压次数为 3 次，SB2 键设定按压次数为 2 次，SB3 键设定按压次数为 4 次；按下顺序为 SB1 键、SB2 键、SB3 键，按上述规定按压，密码锁打开；10s 后密码锁自动关闭。按步骤设计 PLC 控制程序。

【PLC 控制密码锁装置分析】如图 5-4 所示为 PLC 控制密码锁装置的流程图，该装置由 3 个密码键实施保护，对 SB1 按压 3 次，接着按压 SB2 键 2 次，再按压 SB3 键 4 次，这正是计数器的计数条件，而计数器的清零条件也是必须有的，所以如何对计数器清零是核心问题。

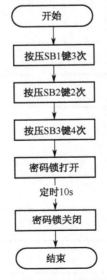

图 5-4　PLC 控制密码锁装置分析

【PLC 控制密码锁装置实施过程】

（1）根据以上控制要求，列出输入/输出点分配表（见表 5-5）。

表 5-5　输入/输出点分配表

输　　　入		输　　　出	
名　　称	输　入　点	名　　　称	输　出　点
SB1 键	X1	密码锁	Y0
SB2 键	X2		
SB3 键	X3		

（2）外部接线（如图 5-5 所示）。

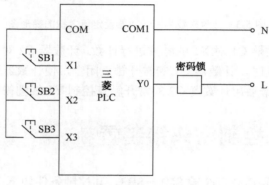

图 5-5　外部接线图

（3）编写程序。

①利用梯形图编写程序。

a）SB1 按压三次也就是对 X1 实现计数三次，选一个计数线圈设置三次计数。

```
    X001
0 ──┤├─────────────────────────────( C0    K3 )
```

b）SB2 按压 2 次，SB3 按压 4 次。

```
    X001
0 ──┤├─────────────────────────────( C0    K3 )

    X002  C0
4 ──┤├──┤├─────────────────────────( C1    K2 )

    X003  C1
9 ──┤├──┤├─────────────────────────( C2    K4 )
```

c）密码锁打开。

```
    X001
0 ──┤├─────────────────────────────( C0    K3 )

    X002  C0
4 ──┤├──┤├─────────────────────────( C1    K2 )

    X003  C1
9 ──┤├──┤├─────────────────────────( C2    K4 )

    C0    C1    C2
14 ─┤├──┤├──┤├─────────────────────( Y000 )
```

d）10s 后密码锁自动关闭。

```
     X001
0   ─┤├──────────────────────────────────────────────( C0    K3 )
     X002   C0
4   ─┤├────┤├─────────────────────────────────────────( C1    K2 )
     X003   C1
9   ─┤├────┤├─────────────────────────────────────────( C2    K4 )
     C0    C1    C2
14  ─┤├────┤├────┤├──────────────────────────────────( Y000 )
                  └─────────────────────────────────( T0    K100 )
     T0
21  ─┤├───────────────────────────────────────[ ZRST   C0    C2 ]
27  ──────────────────────────────────────────────────[ END ]
```

A. 触点比较指令

a）LD 触点比较指令（见表 5-6）。

表 5-6　LD 触点比较指令

编　号	助　记　符	导　通　条　件	非导通条件
FNC224	(D) LD=	[S1]=[S2]	[S1]≠[S2]
FNC225	(D) LD>	[S1]>[S2]	[S1]≤[S2]
FNC226	(D) LD<	[S1]<[S2]	[S1]≥[S2]
FNC228	(D) LD<>	[S1]≠[S2]	[S1]=[S2]
FNC229	(D) LD≤	[S1]≤[S2]	[S1]>[S2]
FNC230	(D) LD≥	[S1]≥[S2]	[S1]<[S2]

例 5-3：如图 5-6 所示的梯形图为 "LD>" 指令的应用（其他 LD 触点比较指令不再一一举例说明）。

图 5-6　"LD>" 指令应用的梯形图

示例对应的指令表如下：

```
0    LD>        K100        C10
5    OUT        Y000
```

【示例分析】"LD>" 的导通条件是 "[S1]>[S2]"，即若当前值 100 大于计数器 C10 的值时，驱动 Y000 线圈；若当前值小于或等于计数器 C10 的值时，则不能驱动 Y000 线圈。若把 "K100" 与 "C10" 调换位置呢？如图 5-7 所示。

图 5-7 "K100" 与 "C10" 调换位置梯形图

示例对应的指令表如下：

0	LD>	C10	K100
5	OUT	Y000	

【示例分析】"LD>"的导通条件是"[S1]>[S2]"，即若计数器 C10 的值大于当前值 100 时，驱动 Y000 线圈；若计数器 C10 的值小于或等于当前值 100 时，则不能驱动 Y000 线圈。

b）AND 触点比较指令（见表 5-7）。

表 5-7 AND 触点比较指令

编 号	助 记 符	导 通 条 件	非导通条件
FNC232	(D) AND=	[S1]=[S2]	[S1]≠[S2]
FNC233	(D) AND>	[S1]>[S2]	[S1]≤[S2]
FNC234	(D) AND<	[S1]<[S2]	[S1]≥[S2]
FNC236	(D) AND<>	[S1]≠[S2]	[S1]=[S2]
FNC237	(D) AND≤	[S1]≤[S2]	[S1]>[S2]
FNC238	(D) AND≥	[S1]≥[S2]	[S1]<[S2]

例 5-4：以"AND="为例介绍 AND 触点比较指令的应用，如图 5-8 所示为"AND="指令应用的梯形图。

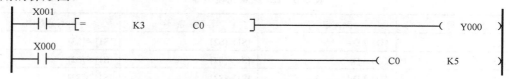

图 5-8 "AND=" 指令应用的梯形图

示例对应的指令表如下：

0	LD	X001	
1	AND=	K3	C0
6	OUT	Y000	
7	LD	X000	
8	OUT	C0	K5

【示例分析】当 X001 的状态为 ON 且计数器 C0 的当前值为 3 时，驱动 Y000 线圈。

c）OR 触点比较指令（见表 5-8）。

表 5-8 OR 触点比较指令

编 号	助 记 符	导 通 条 件	非导通条件
FNC240	(D) OR=	[S1]=[S2]	[S1]≠[S2]
FNC241	(D) OR>	[S1]>[S2]	[S1]≤[S2]
FNC242	(D) OR<	[S1]<[S2]	[S1]≥[S2]
FNC244	(D) OR<>	[S1]≠[S2]	[S1]=[S2]
FNC245	(D) OR≤	[S1]≤[S2]	[S1]>[S2]
FNC246	(D) OR≥	[S1]≥[S2]	[S1]<[S2]

例 5-5：以"OR="为例介绍 OR 触点比较指令的应用，如图 5-9 所示为"OR="指令应用的梯形图。

图 5-9　"OR="指令应用的梯形图

示例对应的指令表如下：

```
0    LD      X001
1    OR=     K5          C0
6    OUT     Y000
7    LD      X000
8    OUT     C0          K7
```

【示例分析】当 X1 处于 ON 状态或计数器的当前值为 5 时，驱动 Y000 线圈。

B. 加法指令（见表 5-9）

表 5-9　加法指令

FNC24　INC 16位/32位指令 脉冲/连续执行	操作数：							
	K，H	KnX	KnY	KnM	KnS	T	C	D	V,Z
				[D·]					

加 1 指令 INC 将指定的目标操作数[D]的内容增加 1，在连续执行型指令中，每个扫描周期都将执行加 1 运算。在 INC 运算时，如果数据为 16 位，则+32767 加 1 变成–32768，但标准位不置位；同样，32 位运算由+2147483647 加 1 变成–2147483648，标志位也不置位。

例 5-6：应用"INCP"与"比较指令"的梯形图，如图 5-10 所示。

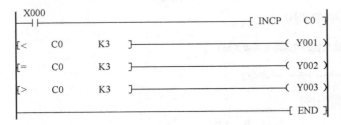

图 5-10　应用"INCP"与"比较指令"的梯形图

示例对应的指令如下：

```
0    LD      X000
1    INCP    C0
4    LD<     C0          K3
9    OUT     Y001
10   LD=     C0          K3
15   OUT     Y002
16   LD>     C0          K3
21   OUT     Y003
22   END
```

【示例分析】X000 每接通一次，对计数器 C0 累计加 1。当 C0 计数小于 3 次时，驱动 Y001

线圈；当 C0 计数等于 3 次时，Y001 线圈失电同时驱动 Y002 线圈；当 C0 计数大于 3 次时，Y002 线圈失电同时驱动 Y003 线圈。

①利用状态图编写程序。

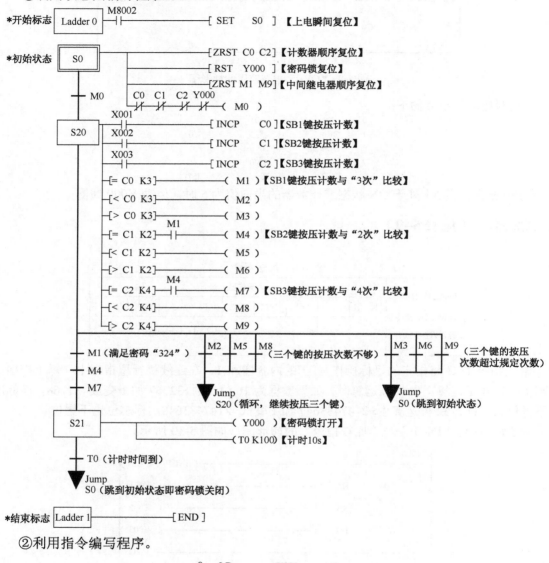

②利用指令编写程序。

```
0    LD     X001
1    OUT    C0       K3
4    LD     X002
5    AND    C0
6    OUT    C1       K2
9    LD     X003
10   AND    C1
11   OUT    C2       K4
14   LD     C0
15   AND    C1
16   AND    C2
17   OUT    Y000
18   OUT    T0       K100
21   LD     T0
22   ZRST   C0       C2
27   END
```

（4）将梯形图传入 PLC 中。

（5）运行。

任务三　拓展项目

【控制要求】有一个保险柜，设定其密码为 5289，面板上有 0～9 十个数字，其控制条件如下：密码输入正确，绿色指示灯亮，保险柜可以打开；打开 5min 后保险柜自动关闭，需再次重新输入密码，保险柜才能打开。若输入错误密码 3 次，红色报警指示灯亮 0.5s 灭 0.5s 闪烁报警，必须交银行解锁。按步骤设计 PLC 控制电路。

【PLC 控制保险柜装置分析】该保险柜装置由四个密码实施保护，如图 5-11 所示为 PLC 控制保险柜装置的流程图。输入密码"5289"，密码输入正确，保险柜打开，同时绿色指示灯亮。若输入的密码错误三次，也就是按下了其他 6 个数字（0、1、3、4、6、7）三次，此时红色指示灯以亮 0.5s 灭 0.5s 的频率闪烁报警（即运用两个定时器配合二分频电路），此时必须由银行解锁才能再次使用。

【PLC 控制保险柜装置实施过程】

（1）根据以上控制要求，列出输入/输出点分配表（见表 5-10）。

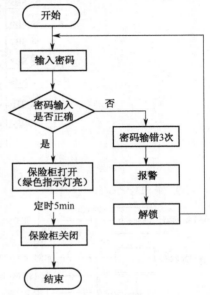

图 5-11　PLC 控制保险柜装置的流程图

表 5-10　输入/输出点分配表

输　　入		输　　出	
名　称	输　入　点	名　称	输　出　点
数字"0"	X0	保险柜	Y0
数字"1"	X1	绿色指示灯	Y1
数字"2"	X2	红色指示灯	Y2
数字"3"	X3		
数字"4"	X4		
数字"5"	X5		
数字"6"	X6		
数字"7"	X7		
数字"8"	X10		
数字"9"	X11		
解锁键	X12		

（2）外部接线（如图 5-12 所示）。

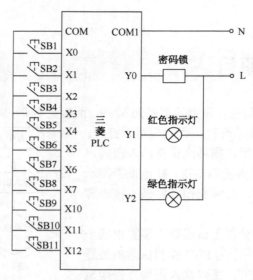

图 5-12　外部接线图

（3）编写程序。

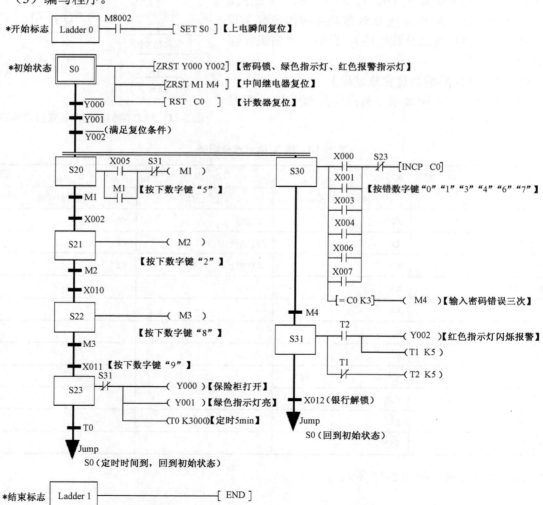

（4）将程序传入 PLC 中。

（5）调试、运行。

课后思考题

（1）有一个密码锁，密码为 2246，其控制条件如下：密码输入正确，密码锁打开；密码输入错误，报警。设计 PLC 控制电路。

（2）按下按钮 SB1，小灯 L1 以亮 1s 灭 1s 的方式进行闪烁，当闪烁 5 次后，小灯 L1 灭，计数器复位，小灯 L2 亮；6s 后，小灯 L1 亮；5s 后，L1 和 L2 一起熄灭。

（3）PLC 控制轧钢机控制系统：按下启动按钮 SB1，电动机 M1、M2 开始运行，传送钢板；当传感器 S1 检测到有钢板时，电动机 M3 正转；当传感器 S1 的信号消失，而传感器 S2 检测到钢板信号时，表示钢板到位，此时电磁阀 YV1 动作，电动机 M3 反转。此时传走钢板，当传感器 S2 的信号消失时，钢板成品计件一次，加工一块钢板 HL1 亮，加工两块钢板 HL1、HL2 亮，加工三块钢板 HL1、HL2、HL3 均亮。满三块按停止按钮 SB2，设备停机。

（4）完成一个单按钮启动 5 台电动机控制电路的设计，控制要求是：每按一次按钮启动 1 台电动机，按下 5 次后全部电动机都启动，再按一次按钮，全部电动机都停止运行。

（5）两台电动机交替顺序控制。电动机 M1 工作 10s 后停下来，紧接着电动机 M2 工作 5s 后停下来，然后再交替工作，反复运行 3 次，两台电动机自动停止运行。期间若按下停止按钮，电动机 M1、M2 全部停止运行。

（6）一个彩灯控制系统，按下启动按钮，HL1 亮，5s 后，HL2 亮，5s 后，HL3 亮，10s 后，全灭，熄灭 3s 后，HL1 又亮……如此循环三次结束。

项目六　PLC 控制电动机运行的典型实例

项目要求

学会运用继电器-接触器控制转换为 PLC 控制的方法。
学会运用脉冲指令（LDP、LDF、ANDP、ANDF、ORP、ORF）编程。
学习 PLC 的编程规则。

【设计背景】在生产中，经常要求电动机实现正反转控制功能。例如，数控车床的进刀与退刀、传输带的运作、货车上下提货等。为了提高生产效率全面实现自动化控制，PLC 与三相异步电动机相配合来实现控制要求，与传统的继电器控制相比，PLC 控制具有控制速度快，调试、维修方便等特点，所以在电动机运行场合得到了广泛应用。

任务一　接触器联锁电动机正/反转运行 PLC 控制

【接触器联锁电动机正/反转运行电气控制图如图 6-1 所示】。

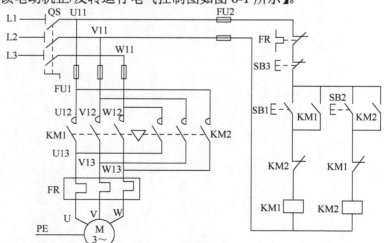

图 6-1　接触器联锁电动机正/反转运行电气控制图

【接触器联锁电动机正/反转运行工作原理（控制要求）分析】

（1）正转运行控制：

合上组合开关QS，按下SB1 → KM1线圈失电 → ┌→ KM1联锁触点分断对KM2线圈联锁
　　　　　　　　　　　　　　　　　　　├→ KM1自锁触点闭合自锁 ─┐
　　　　　　　　　　　　　　　　　　　└→ KM1主触点闭合 ───────┴→ 电动机M启动，连续正转

注：当需切换到反转状态时，需要先按下停止按钮。

（2）停止运行控制：

按下SB3 → KM1线圈失电 → ┌→ KM1联锁触点恢复闭合，解除对KM2线圈的联锁
　　　　　　　　　　　　　├→ KM1自锁触点分断解除自锁 ─┐
　　　　　　　　　　　　　└→ KM1主触点分断 ────────┴→ 电动机M失电停转

（3）反转运行控制：

合上组合开关QS，按下SB2 → KM2线圈失电 → ┌→ KM2联锁触点分断对KM1线圈联锁
　　　　　　　　　　　　　　　　　　　├→ KM2联锁触点闭合自锁 ─┐
　　　　　　　　　　　　　　　　　　　└→ KM2主触点闭合 ──────┴→ 电动机M启动连续反转

【PLC 控制接触器联锁电动机正反转运行实施过程】

一、根据工作原理（控制要求），列出输入/输出点分配表（见表6–1）

表6-1　输入/输出点分配表

输　　　入		输　　　出	
名　　称	输　入　点	名　　称	输　出　点
正转启动按钮 SB1	X1	电动机正转 KM1	Y1
反转启动按钮 SB2	X2	电动机反转 KM2	Y2
停止按钮 SB3	X3		
热继电器 FR	X4		

二、安装电路

（1）检查器材和电工工具。

①元器件材料清单（见表6-2）。

表6-2　元器件材料清单

序　号	元件名称	符　号	型　号	规　格	数　量
1	三相异步电动机	M	Y112M-4	4kW 380V 8.8A △连接 1440r/min	1
2	可编程序控制器	PLC FX2N	FX2N-16MR		1
3	组合开关	QS	HZ10-25/3	三极、额定电流 25A	1
4	熔断器	FU1	RL-60/25	500V、60A、熔体额定电流 25A	3
5	熔断器	FU2	RL1-15/2	500V、15A、熔体额定电流 2A	2
6	接触器	KM	CJ10-20	20A、线圈电压 380V	2
7	按钮	SB	LA10-3H	保护式、500W 5A 按钮数 3	1
8	热继电器	FR	JR16-20/3	三极、25A、380V	1
9	端子排	XT	JX2-1015	380V、10A、20 节	1

②导线清单（见表6-3）。

表 6-3　导线清单

序号	线路安装类型	符号	型号	规格	数量
1	板前明线布线	主电路导线	BVL	2.5mm² 黑色	若干
		控制电路导线	BV	1.5mm² 红色	
		按钮线	BVR	1.7mm² 白色	
		控制板		500mm×650mm	1
2	板前线槽布线	布线槽		18mm×25mm	若干
		主电路导线	BVF	1.5mm² 黑色	
		控制电路导线	BVR	1mm² 红色	
		按钮线	BVR	0.75mm² 白色	
		控制板		500mm×650mm	1

（2）设计元器件布局图（如图 6-2 所示）、安装元器件。

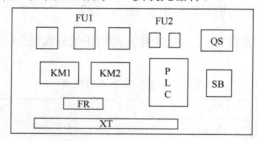

图 6-2　元器件布局图

（3）外部接线（外部接线图如图 6-3 所示）。

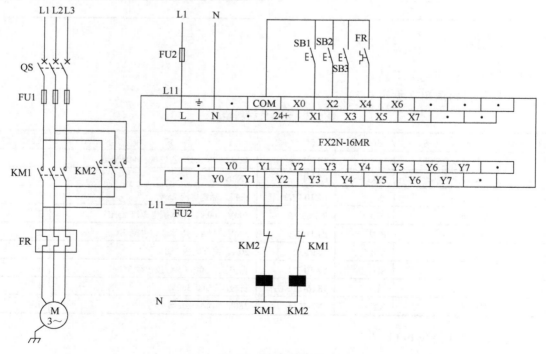

图 6-3　外部接线图

三、编写程序

（1）应尽量减少控制过程中的输入/输出信号。

因为输入/输出信号与 I/O 点数有关，所以从经济的角度来看应尽量减少 I/O 点数。

（2）应注意避免出现无法编程的梯形图。

以各输出为目标，找出形成输出的每一条通路，逐一处理。触点处于垂直分支上（又称桥式电路）及触点处于母线之上的梯形图均不能编程，在设计程序时应避免出现。对于不可避免的情况，如图 6-4 所示的梯形图可将其逻辑关系作等效变换，如图 6-5 所示的梯形图。

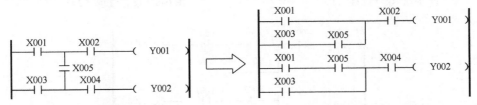

图 6-4　无法编程的梯形图　　　　图 6-5　等效变换后的梯形图

（3）梯形图的简化原则。

①对于有复杂逻辑关系的程序段，应按照先复杂后简单的原则编程。

②对于输入，应使"左重右轻"、"上重下轻"；对于输出，应使"上轻下重"。变换依据：等效，即程序的功能保持不变。如图 6-6 所示的两段程序其逻辑关系完全相同，但由其指令表可知，采用图 6-6（a）所示程序要比采用图 6-6（b）所示程序好得多。

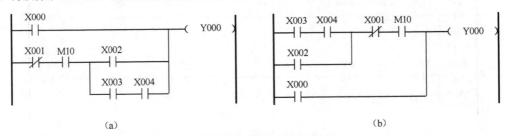

（a）　　　　　　　　　　　　　　　　　（b）

图 6-6　复杂逻辑关系的程序段转换

1．根据继电器-接触器控制原理转换梯形图程序设计

（1）设计思路：继电器-接触器控制电路中的元件触点通过不同的图形符号和文字符号来区分，而 PLC 的触点的图形符号只有常开和常闭触点两种，对于不同的软元件，PLC 通过文字符号来区分。

（2）设计过程：

①将控制电路（如图 6-7 所示）中所有元件的常开、常闭触点直接转换成 PLC 的图形符号，将接触器 KM 线圈替换成 PLC 中的括号符号（如图 6-8 所示）。

②根据输入/输出点分配表，将图 6-8 中继电器的图形符号替换为 PLC 的软元件符号，如图 6-9 所示。

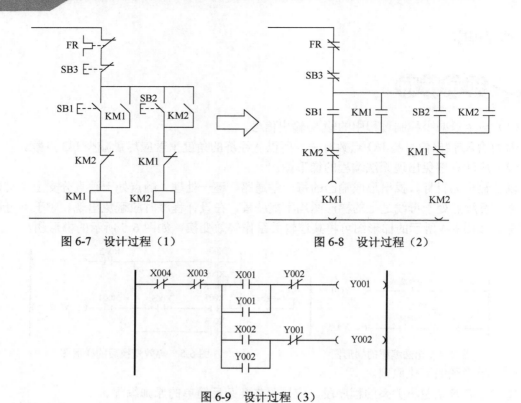

图 6-7　设计过程（1）　　　　　　　　　图 6-8　设计过程（2）

图 6-9　设计过程（3）

③优化程序。

a）根据梯形图简化原则，将图 6-9 简化成图 6-10 所示的梯形图。

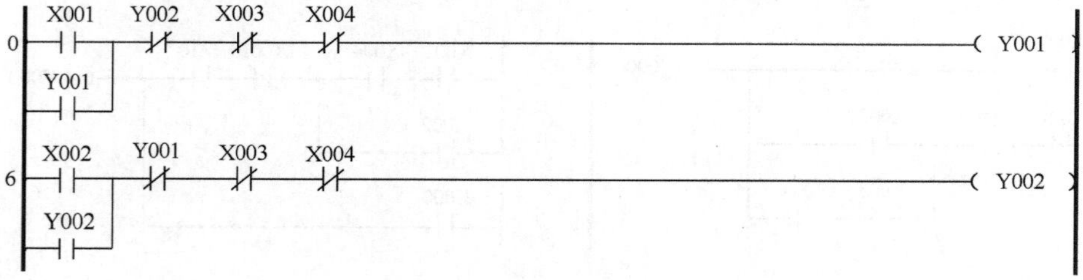

图 6-10　优化程序（1）

b）加上结束指令 "END"，如图 6-11 所示。

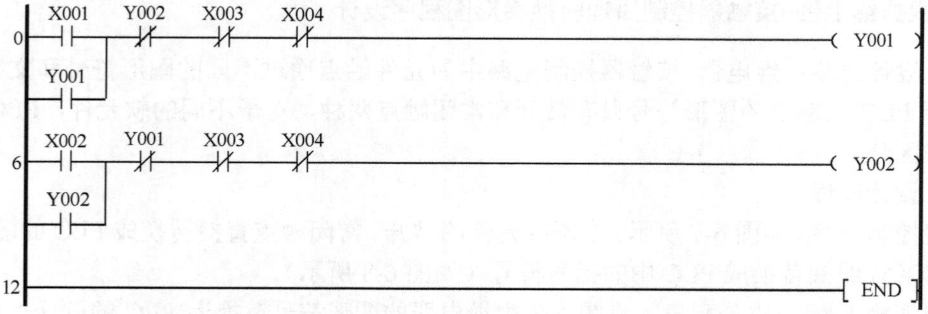

图 6-11　优化程序（2）

2. 利用脉冲指令实现相同功能

脉冲指令的功能及梯形图表示，见表 6-4。

表 6-4 脉冲指令的功能及梯形图表示

助记符、名称	功 能 说 明	梯形图表示及可用元件
PLS 上升沿脉冲	上升沿微分输出	─┤ ├─── [PLS Y、M（特殊M除外）]
PLF 下降沿脉冲	下降沿微分输出	─┤ ├─── [PLF Y、M（特殊M除外）]
LDP 取脉冲上升沿	上升沿检出运算开始	XYMSTC ─┤↑├──┤ ├─────( )
LDF 取脉冲下降沿	下降沿检出运算开始	XYMSTC ─┤↓├──┤ ├─────( )
ANDP 与脉冲上升沿	上升沿检出串联连接	XYMSTC ─┤ ├──┤↑├─────( )
ANDF 与脉冲下降沿	下降沿检出串联连接	XYMSTC ─┤ ├──┤↓├─────( )
ORP 或脉冲上升沿	上升沿检出并联连接	─┤ ├─────( ) XYMSTC ├─┤↑├─┤
ORF 或脉冲下降沿	下降沿检出并联连接	─┤ ├─────( ) XYMSTC ├─┤↓├─┤

（1）PLS 和 PLF 指令

PLS：上升沿微分输出指令。当 PLC 检测到触发信号由 OFF 到 ON 的跳变时，指定的继电器仅接通一个扫描周期。

PLF：下降沿微分输出指令。当 PLC 检测到触发信号由 ON 到 OFF 的跳变时，指定的继电器仅接通一个扫描周期。

（2）LDP、LDF、ANDP、ANDF、ORP、ORF 指令

LDP、ANDP、ORP：上升沿微分指令，是进行上升沿检出的触点指令，仅在指定位软元件的上升沿时（OFF→ON 变化时）接通一个扫描周期。

LDF、ANDF、ORF：下降沿微分指令，是进行下降沿检出的触点指令，仅在指定位软元件的下降沿时（ON→OFF 变化时）接通一个扫描周期。

例 6-1：如图 6-12 所示的两个梯形图程序执行的动作相同。两种情况都在 X0 由 OFF→ON 变化时，M6 接通一个扫描周期。

例 6-2：X0～X2 由 ON→OFF（如图 6-13 所示）或由 OFF→ON 变化时（如图 6-14 所示），M0 或 M1 仅有一个扫描周期接通。

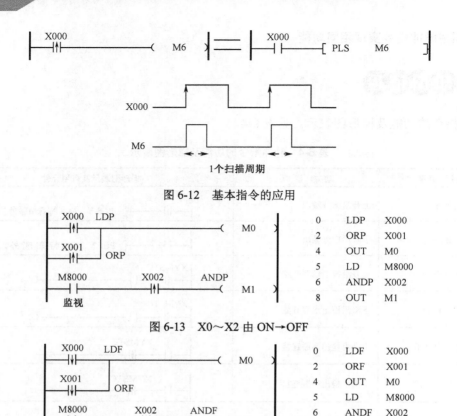

图 6-12　基本指令的应用

				0	LDP	X000
				2	ORP	X001
				4	OUT	M0
				5	LD	M8000
				6	ANDP	X002
				8	OUT	M1

图 6-13　X0～X2 由 ON→OFF

				0	LDF	X000
				2	ORF	X001
				4	OUT	M0
				5	LD	M8000
				6	ANDF	X002
				8	OUT	M1

图 6-14　X0～X2 由 OFF→ON

（3）利用 FXGPWIN 软件编写程序，如图 6-15 所示。

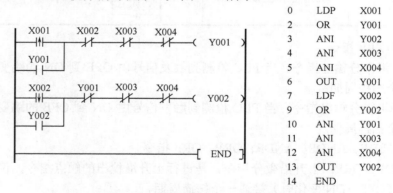

0	LDP	X001
2	OR	Y001
3	ANI	Y002
4	ANI	X003
5	ANI	X004
6	OUT	Y001
7	LDF	X002
9	OR	Y002
10	ANI	Y001
11	ANI	X003
12	ANI	X004
13	OUT	Y002
14	END	

图 6-15　利用 FXGPWIN 软件编程

四、将程序传入 PLC 中

五、调试、运行

【电路存在的问题】

　　电路在具体操作时，若电动机处于正转状态，要反转时必须先按停止按钮，这一点对于那些要求电动机频繁改变运转方向的生产机械来说，往往是不相适应的，为了提高生产效率，用户希望在电动机正转的时候直接按动反转启动按钮 SB2，电动机就可立即反转，反之亦然。要实现这一目的，下面介绍采用按钮、接触器双重联锁的正/反转控制电路。

任务二　双重联锁电动机正/反转运行 PLC 控制

【双重联锁电动机正/反转运行电气控制图如图 6-16 所示】。

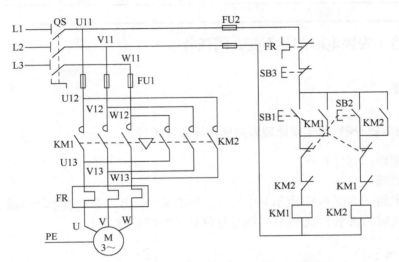

图 6-16　双重联锁电动机正/反转运行电气控制图

【双重联锁电动机正/反转运行工作原理（控制要求）分析】

（1）正转运行控制：

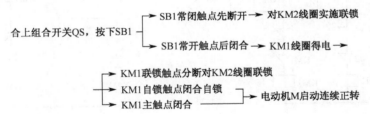

（2）反转运行控制：

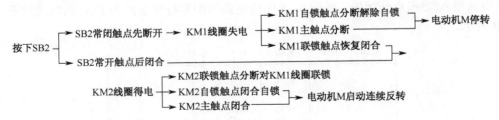

【PLC 控制接触器联锁电动机正/反转运行实施过程】

一、根据工作原理（控制要求），列出输入/输出点分配表（见表 6-5）。

表 6-5　输入/输出点分配表

输　入		输　出	
名　称	输　入　点	名　称	输　出　点
正转启动按钮 SB1	X1	电动机正转 KM1	Y1
反转启动按钮 SB2	X2	电动机反转 KM2	Y2
停止按钮 SB3	X3		
热继电器 FR	X4		

二、安装电路（安装电路部分不变，同任务一）

三、编写程序

1. 根据继电器–接触器控制原理转换梯形图程序设计

（1）设计思路：同任务一。

（2）设计过程：

①将控制电路（如图 6-17 所示）中所有元件的常开、常闭触点直接转换成 PLC 的图形符号，将接触器 KM 线圈替换成 PLC 中的括号符号（如图 6-18 所示）。

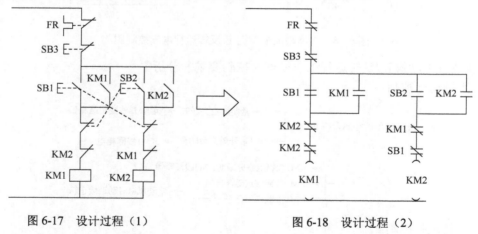

图 6-17　设计过程（1）　　　　　　图 6-18　设计过程（2）

②根据输入/输出点分配表，将图 6-18 中继电器的图形符号替换为 PLC 的软元件符号，如图 6-19 所示。

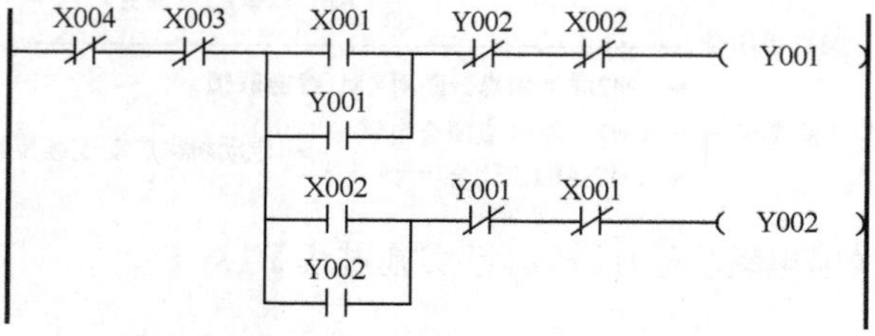

图 6-19　设计过程（3）

③优化程序。

对于有复杂逻辑关系的程序段，应按照先复杂后简单的原则编程，加上结束指令"END"，将图 6-19 所示的梯形图转换为如图 6-20 所示的梯形图。

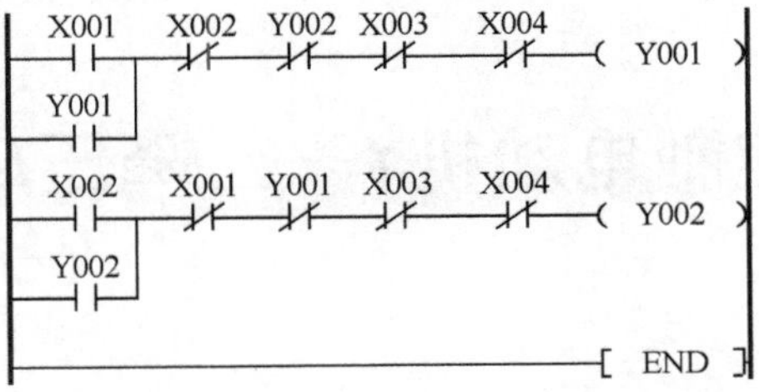

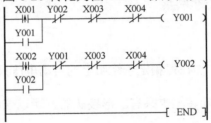

图 6-20　转换后的梯形图

【程序分析】按钮联锁：按下按钮 SB1，输入继电器 X001 常开触点闭合、常闭触点断开；按下按钮 SB2，输入继电器 X002 常开触点闭合、常闭触点断开。接触器联锁：当输出继电器线圈 Y1 得电时，其常闭触点断开实现对输出继电器线圈 Y2 的互锁（联锁）；而当输出继电器线圈 Y2 得电时，其常闭触点断开实现对输出继电器线圈 Y1 的互锁（联锁）。

2. 利用脉冲指令编程，实现相同功能。

利用脉冲指令编程，可将图 6-20 转化为图 6-21。梯形图如图 6-21 所示。

图 6-21　转化后的梯形图

指令表如下：

0	LDP	X001
2	OR	Y001
3	ANI	Y002
4	ANI	X003
5	ANI	X004
6	OUT	Y001
7	LDF	X002
9	OR	Y002
10	ANI	Y001
11	ANI	X003
12	ANI	X004
13	OUT	Y002
14	END	

四、将程序传入 PLC 中

五、调试、运行

任务三　PLC 控制电动机丫—△降压启动运行

　　在电源变压器容量不够大而电动机功率较大的情况下，直接启动将导致电源变压器输出电压下降，不仅减小电动机本身的启动转矩，而且会影响同一供电电路中其他电气设备的正常工作。因此，较大容量的电动机需采用降压启动。下面介绍一种常见的降压启动方式：丫—△降压启动。

一、丫—△降压启动的定义

　　电动机启动时，把定子绕组接成丫形，以降低启动电压，限制启动电流。待电动机启动后，再把定子绕组改接成△形，使电动机全压运行。凡是在正常运行时定子绕组作△形连接的异步电动机，均可采用这种降压启动方法。

二、丫—△降压启动的特点

　　电动机启动时，接成丫形，加在每相定子绕组上的启动电压只有△形接法的 $\frac{1}{\sqrt{3}}$，即 220V，启动电流为△形接法的 $\frac{1}{3}$，启动转矩也只有△形接法的 $\frac{1}{3}$ 所以这种降压启动方法只适用于轻载或空载下启动。

　　【电动机丫—△降压启动控制电路的电气控制图（如图 6-22 所示）】

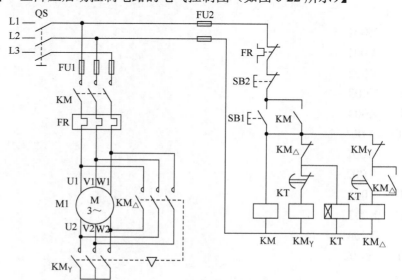

图 6-22　电动机丫—△降压启动控制电路的电气控制图

【电动机丫—△降压启动控制线路工作原理（控制要求）分析】

（1）启动运行控制：

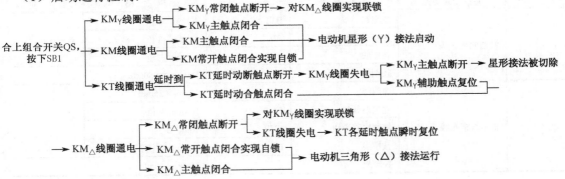

（2）停止运行控制：

按下SB2 → 各控制支路均断电 → 各线圈均失电 ┬ 主触点均断开 → 电动机停止运行
　　　　　　　　　　　　　　　　　　　　　　　└ 各辅助触点复位

【PLC控制电动机丫—△降压启动运行】

一、根据工作原理（控制要求），列出输入/输出点分配表（见表6-6）

表6-6　输入/输出点分配表

输　入		输　出	
名　称	输　入　点	名　称	输　出　点
启动按钮 SB1	X0	交流接触器 KM	Y0
停止按钮 SB2	X1	交流接触器 KM△	Y1
热继电器 FR	X2	交流接触器 KMγ	Y2

二、安装电路

1. 检查器材和电工工具

（1）元器件材料清单（见表6-7）

表6-7　元器件材料清单

序　号	元件名称	符　号	型　号	规　格	数　量
1	三相异步电动机	M	Y112M-4	4KW 380V 8.8A △连接 1440r/min	1
2	可编程序控制器	PLC	FX2N	FX2N-16MR	1
3	组合开关	QS	HZ10-25/3	三极、额定电流25A	1
4	熔断器	FU1	RL-60/25	500V、60A、熔体额定电流25A	3
5	熔断器	FU2	RL1-15/2	500V、15A、熔体额定电流2A	2
6	接触器	KM	CJ10-20	20A、线圈电压380V	3
7	按钮	SB	LA25-11	保护式、500W 5A 按钮数2	1
8	热继电器	FR	JR16-20/3	三极、25A、380V	1
9	时间继电器	KT	JS-7	线圈电压380V、通电延时	1
10	端子排	XT	JX2-1015	380V、10A、20 节	1

（2）导线清单（见表6-8）

表 6-8 导线清单

序 号	电路安装类型	材料名称	型 号	规 格	数 量
1	板前明线布线	主电路导线	BVL	2.5mm² 黑色	若干
		控制电路导线	BV	1.5mm² 红色	
		按钮线	BVR	1.7mm² 白色	
		控制板		500mm×650mm	1
2	板前线槽布线	布线槽		18mm×25mm	若干
		主电路导线	BVR	1.5mm² 黑色	
		控制电路导线	BVR	1mm² 红色	
		按钮线	BVR	0.75mm² 白色	
		控制板		500mm×650mm	1

2．设计元器件布局图（如图 6-23 所示），安装元器件

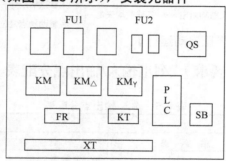

图 6-23　元器件布局图

3．外部接线（外部接线图，如图 6-24 所示）

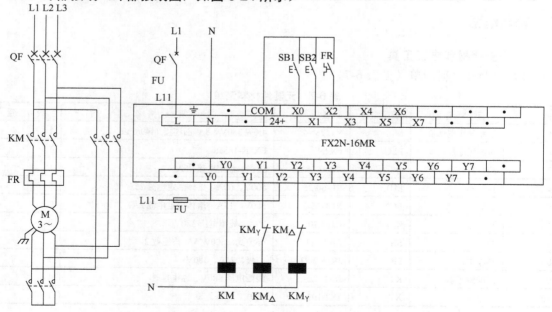

图 6-24　外部接线图

三、编写程序

（1）设计思路：同任务一。

（2）设计过程如下。

①将控制电路（如图6-25所示）中所有元件的常开、常闭触点直接转换成PLC的图形符号，将接触器KM线圈替换成PLC中的括号符号（如图6-26所示）。

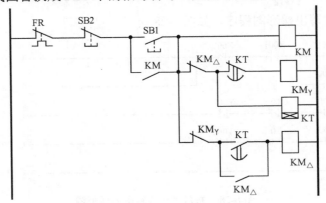

图6-25　设计过程（1）

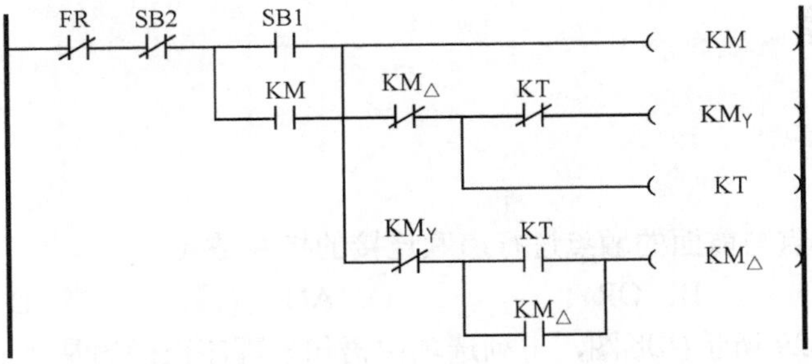

图6-26　设计过程（2）

②根据输入/输出点分配表，将图6-26中继电器的图形符号替换为PLC的软元件符号，如图6-27所示。

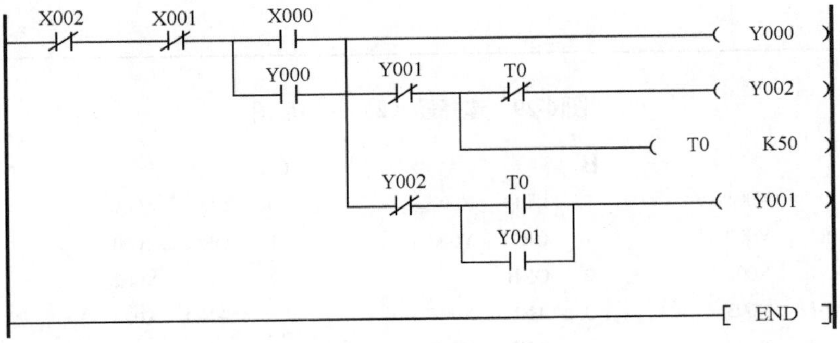

图6-27　设计过程（3）

③优化程序

对于输入/输出信号不是很多的控制系统，以每个内部和外部输出线圈为基础，写出各种输出线圈直接的逻辑关系，即布尔表达式。由表达式写出梯形图并进行优化即可。

如图 6-27 梯形图中有三个外部输出线圈 Y0、Y1、Y2，有一个内部输出线圈 T0，下面是它们的逻辑表达式：

$Y000=（X001+Y001）\cdot \overline{X001} \cdot \overline{X002}$

$T0=（X001+Y001）\cdot \overline{X001} \cdot \overline{X002}$

$Y002=Y000 \cdot \overline{T0} \cdot \overline{Y001}$

$Y001=Y000 \cdot T0 \cdot \overline{Y002}$

根据布尔表达式写出梯形图程序，如图 6-28 所示。

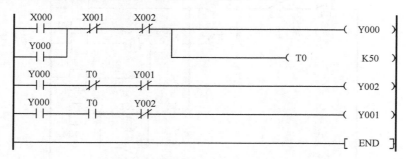

图 6-28　布尔表达式写出的梯形图

 课后思考题

一、选择题

（1）单个动合触点与前面的触点进行串联连接的指令是（　　　）。

A．AND　　　　　　B．OR　　　　　　C．ANI　　　　　　D．ORI

（2）根据如图 6-29 所示梯形图，下列选项中语句表程序正确的是（　　　）。

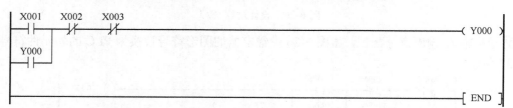

图 6-29　选择题（2）的梯形图

A.			B.			C.		
0	LD	X001	0	LDI	X001	0	LD	X001
1	OR	Y000	1	OR	Y000	1	OR	Y000
2	ANI	X002	2	ORB		2	AND	X002
3	ANI	X003	3	ANI	X002	3	AND	X003
4	OUT	Y000	4	ANI	X003	4	OUT	Y000
5	END		5	OUT	Y000	5	END	
			6	END				

二、设计题

（1）请设计一个 PLC 控制两台电动机协调运行的系统，按下启动按钮 SB1，要求实现电动机 M1 启动后，电动机 M2 才允许启动；停止时按下按钮 SB2，电动机 M1 停止，按下按钮 SB3，电动机 M2 停止。

（2）某车间设计一个 4 台电动机运行的监视系统监视电动机的运转。具体要求如下：4 台电动机中有 3 台及以上开机时，绿灯常亮；只有 2 台开机时，红灯常亮；只有 1 台开机时，黄灯常亮；4 台全部停机时，所有的灯均亮。

项目七　电镀槽生产线的 PLC 控制

项目要求

掌握行程开关在控制系统中的应用。

学习电镀槽生产线的 PLC 控制。

【设计背景】一个电镀产品的质量除了要有成熟的电镀工艺外，如何保证电镀产品严格按照电镀工艺流程运行和保证产品的电镀时间是决定电镀产品质量的重要因素。在电镀生产线上采用自动化控制不但可以使电镀产品的质量得到严格的保证，有效减少废品率，而且还可以提高生产效率和减轻工人的劳动强度，有着非常好的经济效益和社会效益，电镀生产线上对行车的自动控制则是电镀生产线自动化控制的关键。用可编程控制器和变频器相互配合对电镀自动生产线行车进行自动控制具有结构简单、编程方便、操作灵活、使用安全、工作稳定、性能可靠和抗干扰能力强的特点，是一种很有效的自动控制方式，是电镀生产实现高效、低成本、高质量自动化生产的发展方向。

任务一　认识行程开关

一、什么是行程开关

行程开关是位置开关（又称限位开关）的一种，是一种常用的小电流主令电器。利用生产机械运动部件的碰撞使其触点动作来实现接通或分断控制电路，达到一定的控制目的。通常，这类开关被用来限制机械运动的位置或行程，使运动机械按一定位置或行程自动停止、反向运动、变速运动或自动往返运动等。在电气控制系统中，位置开关的作用是实现顺序控制、定位控制和位置状态的检测，用于控制机械设备的行程及限位保护，由操作头、触点系统和外壳组成。

在实际生产中，将行程开关安装在预先安排的位置，当装于生产机械运动部件上的模块撞击行程开关时，行程开关的触点动作，实现电路的切换。因此，行程开关是一种根据运动部件的行程位置而切换电路的电器，它的作用原理与按钮类似。行程开关广泛用于各类机床和起重机械，用以控制其行程、进行终端限位保护。在电梯的控制电路中，还利用行程开关来控制开关轿门的速度、自动开关门的限位，以及轿厢的上、下限位保护。行程开关可以安装在相对静止的物体（如固定架、门框等，简称静物）上或者运动的物体（如行车、门等，简称动物）上。

二、行程开关的种类

行程开关按其结构可分为直动式、滚轮式、微动式和组合式。

1. 直动式行程开关

直动式行程开关的动作原理同按钮类似，所不同的是一个是手动，另一个则由运动部件的撞块碰撞。行程开关是利用生产设备某些运动部件的机械移位碰撞位置开关，使其触点动作，将机械信号变为电信号，接通、断开或变换某些控制电路的指令，借以实现对机械的电气控制要求。其结构原理如图 7-1 所示，其触点的分合速度取决于生产机械的运行速度，不宜用于速度低于 0.4m/min 的场所。

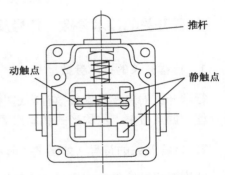

图 7-1　直动式行程开关的原理图

2. 滚轮式行程开关

当运动机械的挡铁（撞块）压到行程开关的滚轮上时，传动杆连同转轴一同转动，使凸轮推动撞块，当撞块碰压到一定位置时，推动微动开关快速动作。当滚轮上的挡铁移开后，复位弹簧就使行程开关复位。这种是单轮自动恢复式行程开关。而双轮旋转式行程开关不能自动复原，它是依靠运动机械反向移动时，挡铁碰撞另一滚轮将其复原的。其结构原理如图 7-2 所示，当被控机械上的撞块撞击带有滚轮的撞杆时，撞杆转向右边，带动凸轮转动，顶下推杆，使微动开关中的触点迅速动作。当运动机械返回时，在复位弹簧的作用下，各部分动作部件复位。滚轮式行程开关又分为单滚轮自动复位和双滚轮（羊角式）非自动复位式，双滚轮行移开关具有两个稳态位置，有"记忆"作用，在某些情况下可以简化电路。

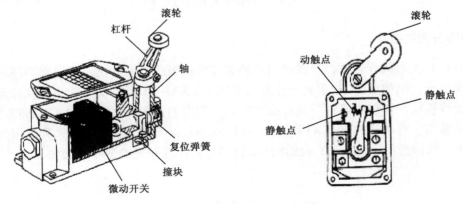

图 7-2　滚轮旋转式行程开关的原理图

3．微动开关式行程开关

微动开关式行程开关的组成，以常用的 LXW-11 系列产品为例，其结构原理如图 7-3 所示。

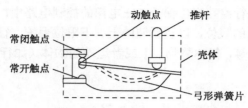

图 7-3　微动开关式行程开关结构示意图

三、行程开关的技术参数、符号及型号

1．行程开关的技术参数

行程开关的主要技术参数有额定电压、额定电流、触点换接时间、动作力、动作角度或工作行程、触点数量、结构形式和操作频率等。

2．行程开关的符号（如图 7-4 所示）

结构形式中的复位方式有自动复位和非自动复位两种。自动复位是依靠本身的恢复弹簧来复原的；非自动复位是在 U 形的结构摆杆上装有两个滚轮，当撞块通过其中的一个滚轮时，摆杆转过一定角度，使开关动作，撞块离开滚轮后，摆杆并不能自动复位，直到撞块在返回行程中再撞及另一个滚轮，摆杆才回到原始位置，使开关复位。这种开关由于具有"记忆"曾被压动过的特性，因此在某些情况下可使控制电路简化，而且根据不同需要，行程开关的两个滚轮可以布置在同一个平面内或分别布置在两个平行平面内。

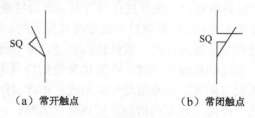

（a）常开触点　　　　　　　　　（b）常闭触点

图 7-4　行程开关的符号

3．行程开关的型号

一般行程开关由执行元件、操作机构及外壳等部件组成，操作机构可根据不同场合的需要进行变换组合。例如，LX32 系列行程开关采用了 LX31-1/1 型微动开关作为执行元件，配以外壳和操作机构，可组成四种不同的操作方式，常用的行程开关有 LX32、LX33 和 LX31 系列，其他常用的行程开关有 LX19、LXW-11、JLXK1、LX5、LX10 等系列，国外引进生产的有 3SE（德国西门子）、831（法国柯赞公司）。行程开关的型号含义如下：

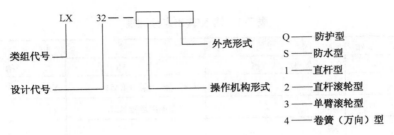

【知识拓展】

为了克服有触点行程开关可靠性较差，使用寿命短和操作频率低的缺点，采用了无触点行程开关，也叫电子接近开关，目前晶体管无触点电子开关正获得越来越多的应用。

接近开关大多由高频振荡器和一个整形放大器组成，振荡器振荡后，在开关的感应面上产生交变磁场，当金属物体接近感应面时，金属体产生涡流，吸收了振荡器的能量，使振荡器减弱以致停振。振荡与停振是两种不同的状态，由整形放大器转换成二进制的开关信号，从而达到检测位置的目的。

接近开关外形结构多种多样，电子电路装调后用环氧树脂密封，具有良好的防潮防腐性能。它能无接触且无压力地发出检测信号，又具有灵敏度高，频率响应快，重复定位精度高，工作稳定可靠，使用寿命长等优点，在自动控制系统中已获得广泛应用。

任务二 PLC 控制运料小车往返运行

例 7-1：

【运料小车两地往返运动控制】小车在工地和水泥厂两地间往返运水泥，如图 7-5 所示为小车运行示意图。按下启动按钮 SB5，小车左行。当小车到达水泥厂后，触碰到行程开关 SQ1，小车停止运行 10s 装料。装料完毕后，小车向右运行，当小车到达工地后，触碰到行程开关 SQ2，小车停止运行 5s 卸料。卸料完毕后小车左行回到水泥厂准备下一次运料。按下停止按钮 SB6，小车停止运行。按步骤设计 PLC 控制电路。

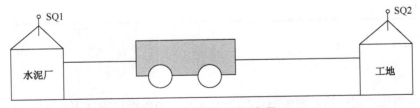

图 7-5　小车运行示意图

【运料小车两地往返运动控制分析】小车的两地往返运行实质上是电动机的正、反转控制。在操作过程中，当小车到达水泥厂后，停 10s，待电动机停止后，再启动反向运行（相当于小车装料）；同样，当小车到达工地后，停 5s，待电动机停止后，再启动正向运行（相当于卸料）。

【运料小车两地往返运动 PLC 控制实施过程】

（1）根据以上控制要求，列出 PLC 的输入/输出点分配表（见表 7-1）。

表 7-1　输入/输出点分配表

输　　入		输　　出	
名　　称	输　入　点	名　　称	输　出　点
启动按钮 SB5	X0	左行交流接触器 KM1	Y0
停止按钮 SB6	X1	右行交流接触器 KM2	Y1
行程开关 SQ1	X2		
行程开关 SQ2	X3		
热继电器 FR	X4		

（2）外部接线（如图 7-6 所示）。

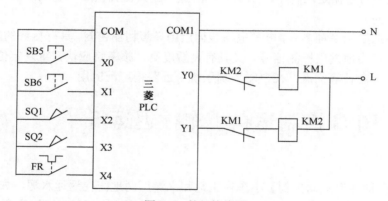

图 7-6　外部接线图

（3）编写程序。

①利用梯形图编写程序。

a）按下启动按钮 SB5，小车左行。

```
  X000
  ─┤├─────────────────────────────────────( Y000 )
  Y000
  ─┤├─
```

b）当小车到达水泥厂后，触碰到行程开关 SQ1，小车停止运行 10s 装料。

```
  X000   X002
  ─┤├────┤/├──────────────────────────────( Y000 )
  Y000
  ─┤├─
  X002
  ─┤├─────────────────────────────────( T0    K100 )
```

c）装料完毕后，小车向右运行。

```
  X000    X002
  ──┤├─────┤/├──────────────────────────────────( Y000 )
  Y000
  ──┤├──

  X002
  ──┤├─────────────────────────────────────( T0    K100 )

  T0
  ──┤├──────────────────────────────────────────( Y001 )
  Y001
  ──┤├──
```

d）当小车到达工地后，触碰到行程开关 SQ2，小车停止运行 5s 卸料。

```
  X000    X002
  ──┤├─────┤/├──────────────────────────────────( Y000 )
  Y000
  ──┤├──

  X002
  ──┤├─────────────────────────────────────( T0    K100 )

  T0     X003
  ──┤├─────┤/├──────────────────────────────────( Y001 )
  Y001
  ──┤├──

  X003
  ──┤├──────────────────────────────────────( T1    K50 )
```

e）卸料完毕后小车左行回到水泥厂准备下一次运料。

```
  X000    X002
  ──┤├─────┤/├──────────────────────────────────( Y000 )
  Y000
  ──┤├──
  T1
  ──┤├──

  X002
  ──┤├─────────────────────────────────────( T0    K100 )

  T0     X003
  ──┤├─────┤/├──────────────────────────────────( Y001 )
  Y001
  ──┤├──

  X003
  ──┤├──────────────────────────────────────( T1    K50 )
```

f）按下停止按钮 SB6，小车停止运行。

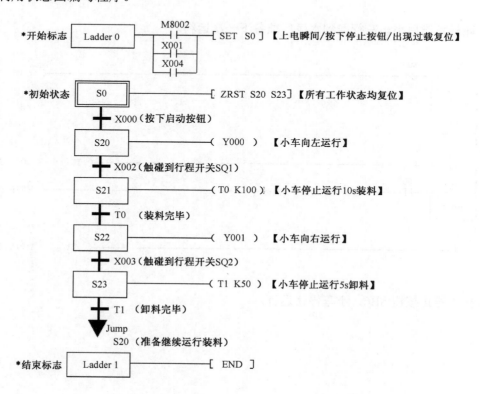

g）完善程序（接触器联锁保护与过载保护功能）

②利用状态图编写程序。

③利用指令编写程序。

0	LD	X000
1	OR	Y000
2	OR	T1
3	ANI	X002
4	ANI	X001
5	ANI	X004
6	ANI	Y001
7	OUT	Y000
8	LD	X002
9	OUT	T0 K100
12	LD	T0
13	OR	Y001
14	ANI	X003
15	ANI	X001
16	ANI	X004
17	ANI	Y000
18	OUT	Y001
19	LD	X003
20	OUT	T1 K50
23	END	

（4）将梯形图传入 PLC 中。

（5）调试、运行。

例 7-2：

【运料小车三地往返运行控制】如图 7-7 所示，要求小车在原料库、加工车间、成品库三地间自动往返运行。控制要求如下：按下启动按钮 SB5，小车左行去原料库进行取料。当小车到达原料库后，触碰到行程开关 SQ1，小车停留 3s 取甲材料。取了甲材料后，小车启动右行，当到达加工车间后，触碰到行程开关 SQ2，小车停留 5s 进行一次加工。对甲材料加工完毕后，小车再次返回原料库，触碰到行程开关 SQ1，停留 3s 取乙材料。取完乙材料后，小车右行，当到达加工车间后，再次触碰到行程开关 SQ2，小车停留 10s 进行二次加工。二次加工完毕后，小车继续右行，到达成品库后，触碰到行程开关 SQ3，小车停留 15s 卸料。卸完物料后，小车启动左行回到原料库，准备下一次加工过程。按下停止按钮 SB6，小车停止运行。请用 PLC 实现小车在三地间的自动运行控制。

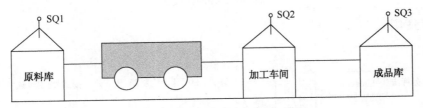

图 7-7　小车运行示意图

【运料小车三地往返运行控制分析】小车的三地往返运行也是电动机的正、反转运行。正转交流接触器吸合时，电动机正转，小车左行；反转交流接触器吸合时，电动机反转，小车右行。操作过程中，当小车到达原料库后，停 3s 取甲材料，待电动机停止后，再启动反向运行到加工车间加工 5s；加工时间到后，再启动正向运行到原料库取乙料，同样，当小车到达加工车间后，停 10s 加工。二次加工完毕后，小车继续右行，到达成品库后，小车停留 15s 卸料。卸完物料后，小车启动左行回到原料库，准备下一次加工过程。小车每到一个位置，都会停留数秒，待电动机停止后，再启动运行，以保护电动机。小车的三地往返运行是典型的顺序控制，用步进指令来完成控制要求更为方便。

【运料小车三地往返运行 PLC 控制实施过程】

（1）根据以上控制要求，列出 PLC 的输入/输出点分配表（见表 7-2）。

表 7-2　输入/输出点分配表

输　入		输　出	
名　称	输 入 点	名　称	输 出 点
启动按钮 SB5	X0	左行交流接触器 KM1	Y0
停止按钮 SB6	X1	右行交流接触器 KM2	Y1
行程开关 SQ1	X2		
行程开关 SQ2	X3		
行程开关 SQ3	X4		
热继电器 FR	X5		

（2）外部接线（如图 7-8 所示）。

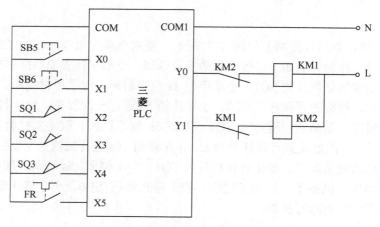

图 7-8　外部接线图

（3）编写程序。

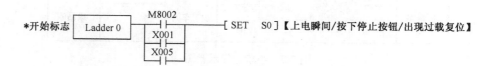

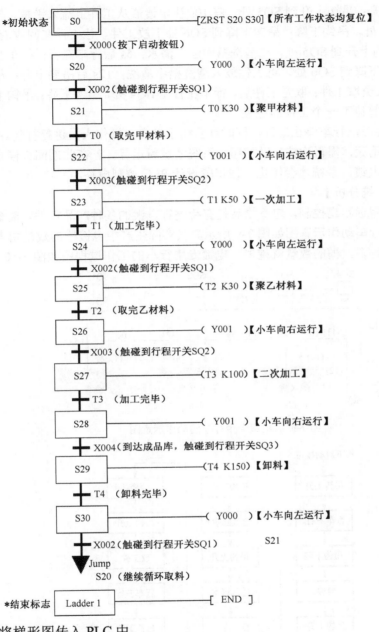

（4）将梯形图传入 PLC 中。

（5）调试、运行。

任务三 电镀槽生产线系统设计

【控制要求】电镀槽生产线系统由三个槽（镀槽、回收液槽、清水槽）组成，工件由带有可升降吊钩的行车带动，经过三个槽的加工实现对工件的电镀，如图 7-9 所示。具体的控制要求如下：操作人员装好待加工的零件，按下启动按钮，吊钩上升；吊钩上升到限位 SQ5 处，行车右行；行车右行到限位 SQ1 处，吊钩下降；下降到 SQ6 处下放工件，停 20s 进行电镀；

电镀完毕后，吊钩上升；吊钩上升到 SQ5 处，停 10s 让电镀液从工件上流入镀槽，接着行车左行；行车左行到 SQ2 处，吊钩下降；吊钩下降到 SQ6 处下放工件，让工件在回收液槽中浸泡；12s 后吊钩上升；吊钩上升到 SQ5 处，在清洗槽中注入清水；5s 后行车左行；行车左行到 SQ3 处，吊钩下降；吊钩下降到 SQ6 处，将工件放入清洗槽中清洗；12s 后吊钩上升；吊钩上升到 SQ5 处停 10s，操作人员取工件；取完工件后，行车左行至 SQ4 处，吊钩下降；吊钩下降到 SQ6 处，原点指示灯亮，等待下一个工件的电镀。

当电镀 10 个工件后，行车停止运行，同时红色指示灯亮，操作人员进行打包。2min 后打包完成，红色指示灯熄灭，需再次按启动按钮，系统才重新运行。若在此期间按停止按钮，必须完成对当前工件的电镀，系统才会停止。按步骤设计 PLC 控制电路。

【电镀槽生产线系统分析】

电镀专用行车采用远距离控制，起重物品是有待进行电镀的各种产品零件。根据电镀加工工艺要求，电镀专用行车动作示意图如图 7-9 所示。其实际生产中电镀槽的数量由电镀工艺要求决定，电镀的种类越多，槽的数量就越多。电镀专用行车的工作过程图如图 7-10 所示。

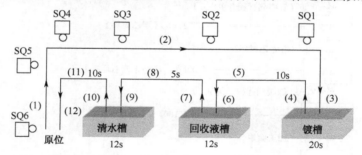

图 7-9　电镀专用行车的动作示意图

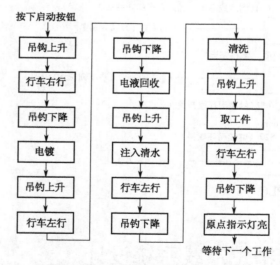

图 7-10　电镀专用行车的工作过程图

【电镀槽生产线系统 PLC 控制实施过程】

（1）根据以上控制要求，列出 PLC 的输入/输出点分配表（见表 7-3）。

表 7-3 输入/输出点分配表

输 入		输 出	
名 称	输 入 点	名 称	输 出 点
启动按钮	X0	原点指示灯	Y0
右限位 SQ1	X1	吊钩上升	Y1
左限位 SQ2	X2	行车右行	Y2
左限位 SQ3	X3	吊钩下降	Y3
左限位 SQ4	X4	行车左行	Y4
上升限位 SQ5	X5	红色指示灯	Y5
下降限位 SQ6	X6		
停止按钮	X7		

（2）外部接线（如图 7-11 所示）。

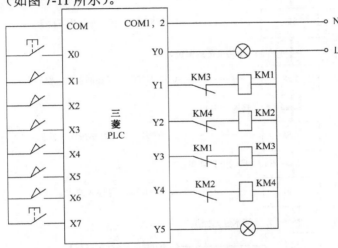

图 7-11 电镀槽生产线系统外部接线图

（3）编写程序（注：对后续较复杂的项目均采用 SFC 状态图编写）。

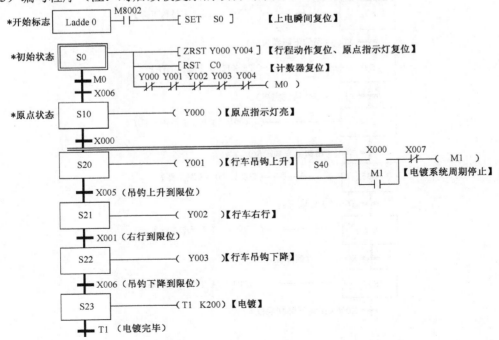

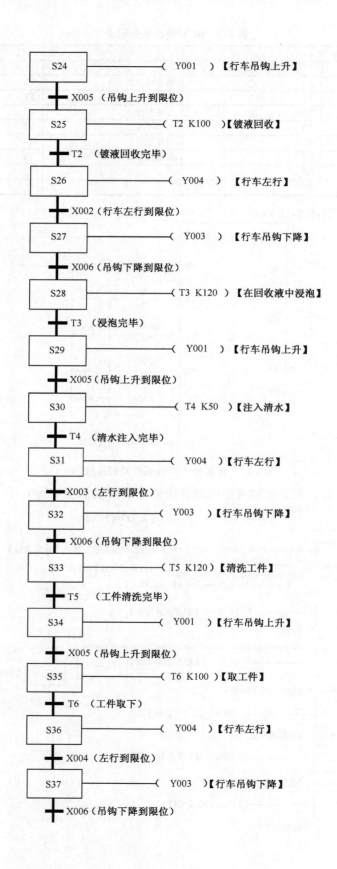

S24 —— (Y001) 【行车吊钩上升】

X005 （吊钩上升到限位）

S25 —— (T2 K100)【镀液回收】

T2 （镀液回收完毕）

S26 —— (Y004) 【行车左行】

X002 （行车左行到限位）

S27 —— (Y003) 【行车吊钩下降】

X006 （吊钩下降到限位）

S28 —— (T3 K120) 【在回收液中浸泡】

T3 （浸泡完毕）

S29 —— (Y001) 【行车吊钩上升】

X005 （吊钩上升到限位）

S30 —— (T4 K50)【注入清水】

T4 （清水注入完毕）

S31 —— (Y004)【行车左行】

X003 （左行到限位）

S32 —— (Y003)【行车吊钩下降】

X006 （吊钩下降到限位）

S33 —— (T5 K120)【清洗工件】

T5 （工件清洗完毕）

S34 —— (Y001)【行车吊钩上升】

X005 （吊钩上升到限位）

S35 —— (T6 K100)【取工件】

T6 （工件取下）

S36 —— (Y004)【行车左行】

X004 （左行到限位）

S37 —— (Y003)【行车吊钩下降】

X006 （吊钩下降到限位）

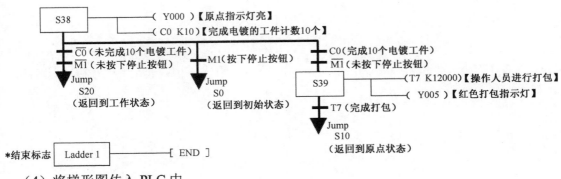

（4）将梯形图传入 PLC 中。

（5）运行。

课后思考题

（1）有一个用 4 台皮带运输机的传输系统，分别用 4 台电动机（M1—M2—M3—M4）带动。按下启动按钮 SB5，2s 后先启动最后一台皮带机 M4，每经过 1s 延时，依次启动其他皮带机（M4—M3—M2—M1）；3s 后先停止最前一台皮带机 M1，每经过 1s 延时，依次停止其他皮带机（M1—M2—M3—M4），如此循环三次，皮带输送系统停止运行。在这期间若按下停止按钮 SB6，循环立刻结束。试用状态图 SFC 设计控制程序。

（2）设计两台电动机顺序控制电路：按下 SB1，两台电动机要相互协调运转，其动作时序为 M1 运转 5s，停止 3s；M2 要求与 M1 相反。M1 停止 M2 运转，M1 运转 M2 停止。试用 SFC 状态图设计控制程序。

（3）电动葫芦起升机构的负荷试验，控制要求如下：按下启动按钮，上升 2s—停 3s—下降 3s—停 2s，反复运行 2min，然后停止运行。试用 SFC 状态图设计控制程序。

（4）一个声光报警系统：当开关闭合时，扬声器发出警报声，同时报警灯连续闪烁亮 1s，熄灭 1s，循环 10 次，然后停止声光报警，试用 SFC 状态图设计控制程序。

（5）设计三台电动机顺序控制电路：按下启动按钮 M1 运行 5s 后 M2 运行；M2 运行 5s 后 M3 运行，M1 停止；M3 运行 5s 后 M2 停止；M3 再运行 5s 后 M1 运行，M3 停止。如此循环下去。试用 SFC 状态图设计控制程序。

（6）用状态转移图法设计一个彩灯闪烁电路的控制程序，控制要求为：三盏彩灯 HL1、HL2、HL3，按下启动按钮后 HL1 亮，1s 后 HL1 灭 HL2 亮，1s 后 HL2 灭 HL3 亮，1s 后 HL3 灭，1s 后 HL1、HL2、HL3 全亮，1s 后 HL1、HL2、HL3 全灭，1s 后 HL1、HL2、HL3 全亮，1s 后 HL1、HL2、HL3 全灭，1s 后 HL1 亮……如此循环，随时按停止按钮，系统停止运行。试用 SFC 状态图设计控制程序。

项目八　PLC 控制物料传送与分拣系统

项目要求

了解传感器的特点、工作原理及应用。

学习 PLC 控制物料传送与分拣系统的工作原理及 SFC 程序。

【设计背景】随着科技水平的日新月异，市场竞争也越来越激烈，因此企业迫切地需要改进生产技术，从而提高生产效率。尤其在一些材料分拣的企业，以往一直采用人工分拣的方式，致使生产效率低，生产成本高，企业的竞争能力差。针对上述问题，物料分拣采用可编程控制器 PLC 进行控制，能连续、大批量地分拣货物，大大提高了生产效率。

任务一　学习传感器

一、什么是传感器

国家标准 GB7665—87 对传感器下的定义是："能感受规定的被测量件并按照一定的规律转换成可用信号的器件或装置，通常由敏感元件和转换元件组成"。传感器满足信息的传输、处理、存储、显示、记录和控制等要求，是实现自动检测和自动化控制的重要环节。

二、传感器的分类（如图 8-1 所示）

（1）根据输入物理量的不同可分为位移传感器、压力传感器、速度传感器、温度传感器及气敏传感器等。

（2）根据工作原理的不同可分为电阻式、电感式、电容式及电势式传感器等。

（3）根据输出信号的性质可分为模拟式传感器和数字式传感器（即模拟式传感器输出模拟信号，数字式传感器输出数字信号）。

（4）根据能量转换原理可分为有源传感器和无源传感器。有源传感器将非电量转换为电能量，如电动势、电荷式传感器等；无源传感器没有能量转换作用，只是把被测非电量转换为电参数的量，如电阻式、电感式及电容式传感器等。

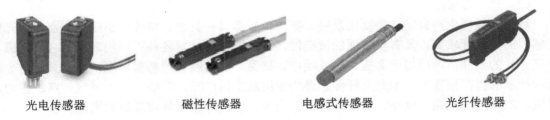

光电传感器　　　　　　磁性传感器　　　　　　电感式传感器　　　　　　光纤传感器

图 8-1　部分传感器

三、传感器的工作原理及特点

光电传感器是各种光电检测系统中实现光电转换的元件，它是能把光信号（红外、可见及紫外光辐射）转换为电信号的器件。光电传感器的特点如下。

（1）检测距离长。如果保留 10m 以上的检测距离，便能实现其他检测手段（磁性、超声波等）。

（2）对检测物体的限制少。因为光电传感器以检测物体引起的遮光和反射为检测原理，所以它可对玻璃、塑料、木材、液体等物体进行检测。

（3）响应时间短。光本身的传输速度就很高，并且传感器的电路都由电子零件构成，所以不包含机械性工作时间，响应时间非常短。

（4）分辨率高。传感器采用高级设计技术使投光的光束集中成小光点，或通过构成特殊的受光光学系统来实现高分辨率；也可进行微小物体的检测和高精度位置的检测。

（5）可实现非接触的检测。传感器的检测不需要机械性接触，因此不会对检测物体和传感器造成损伤。因此，传感器能长期使用。

（6）可实现颜色判别。传感器通过检测物体形成光的反射率和吸收率会根据被投光的光线波长和检测物体的颜色组合而有所差异。利用这种性质，可对检测物体的颜色进行检测。

（7）便于调整。在投射可视光的类型中，其光束是眼睛可见的，便于对检测物体的位置进行调整。

下面对一些典型的光电传感器做些介绍。

（1）电感传感器

由铁芯和线圈构成的将直线或角位移的变化转换为线圈电感量变化的传感器称为电感传感器，又称电感式位移传感器。这种传感器的线圈匝数和材料导磁系数是一定的，其电感量的变化是由于位移输入量导致线圈磁路的几何尺寸变化而引起的。当把线圈接入测量电路并接通激励电源时，就可获得正比于位移输入量的电压或电流输出。其特点如下。

①结构简单，传感器无活动电触点，工作可靠，寿命长。

②灵敏度和分辨力高，能测出 0.01μm 的位移变化。传感器的输出信号强，电压灵敏度通常每毫米的位移可达数百毫伏的输出。

③线性度和重复性都比较好，在一定的位移范围（几十微米至数毫米）内，传感器非线性误差可达 0.05%～0.1%。同时，这种传感器能实现信息远距离传输、记录、显示和控制，它在工业自动控制系统中能够被广泛采用。但不足的是它的频率响应较低，不宜快速动态测控等。所以电感式传感器主要用于位移测量和可以转换位移变化的机械量（如力、张力、压力、压差、加速度、振动、应变、流量、厚度、液位、比重、转矩等）的测量。

（2）光纤传感器

近年来随着生产自动化控制的发展，要求传感器具备灵敏、精确、小巧等特点，而光纤传感器的灵敏度较高，具有多方面的适应性，可以制造传感器各种不同物理信息（声、磁、温度等）的器件；可以用于高压、电气噪声、高温、腐蚀或其他恶劣环境，而且具有与光纤遥测技术的内在相容性。因此光纤传感器的应用越来越广泛，例如，用于对磁、声、压力、温度、加速度、陀螺、位移、液面、转矩、光声、电流和应变等物理量的测量。

四、传感器的电气符号

传感器的电气符号如图 8-2 所示。

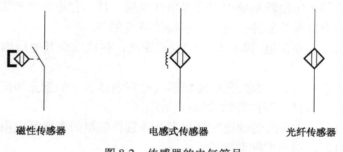

磁性传感器　　　　　　　电感式传感器　　　　　　光纤传感器

图 8-2　传感器的电气符号

五、传感器的应用

传感器早已渗透到诸如工业生产、宇宙开发、海洋探测、环境保护、资源调查、医学诊断、生物工程、甚至文物保护等领域。传感器技术在发展经济、推动社会进步方面的重要作用是十分明显的。世界各国都十分重视这一领域的发展。相信在不久的将来，传感器技术将会出现一个飞跃，达到与其重要地位相称的新水平。

任务二　物料传送机构的 PLC 控制

【控制要求】已知某企业的材料运输系统（如图 8-3 所示），工作原理如下：当入料口检测到工件时，三相异步电动机带动传送带运行。若为金属工件，则工件在金属物料检测传感器位置停止；若为白色工件，则工件在白色物料检测传感器位置停止；若为黑色工件，则工件在黑色物料检测传感器位置停止。

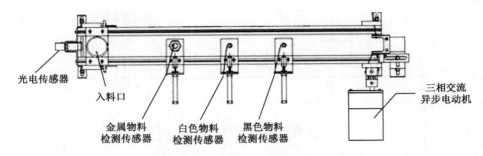

图 8-3　某企业的材料运输系统示意图

【物料传送机构的 PLC 控制系统分析】根据上述控制要求，将某企业材料运输控制系统的工作过程分析如图 8-4 所示。

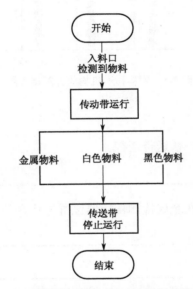

图 8-4　物料传送机构的 PLC 控制系统分析

【物料传送机构的 PLC 控制系统实施过程】

（1）根据以上控制要求，列出输入/输出点分配表（见表 8-1）。

表 8-1　物料传送机构输入/输出点分配表

名　　称	输　入　点	名　　称	输　出　点
入料口检测传感器	X20	三相异步电动机运行	Y20
金属物料检测传感器	X21		
白色物料检测传感器	X22		
黑色物料检测传感器	X23		
停止按钮 SB5	X24		

（2）外部接线（如图 8-5 所示）。

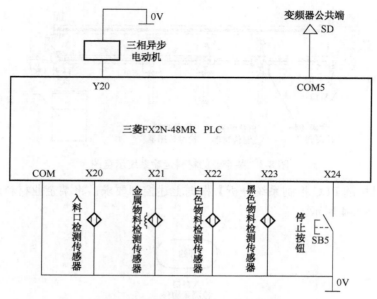

图 8-5　物料传送机构的外部接线图

（3）编写程序。

①利用梯形图编写程序。

a）当入料口检测到工件时，传送带运行。

```
    X020
 ┤├                                          ─[ SET      Y020 ]
```

b）若为金属工件，则工件在金属检测传感器位置停止。

```
    X020
 ┤├                                          ─[ SET      Y020 ]
    X021
 ┤├                                          ─[ RST      Y020 ]
```

c）若为白色工件，则工件在白色物料检测传感器位置停止。

```
    X020
 ┤├                                          ─[ SET      Y020 ]
    X021
 ┤├                                          ─[ RST      Y020 ]
    X022
 ┤├
```

d）若为黑色工件，则工件在黑色物料检测传感器位置停止。

```
    X020
 ┤├                                          ─[ SET      Y020 ]
    X021
 ┤├                                          ─[ RST      Y020 ]
    X022
 ┤├
    X023
 ┤├
```

e）按下停止按钮传送带立刻停止。

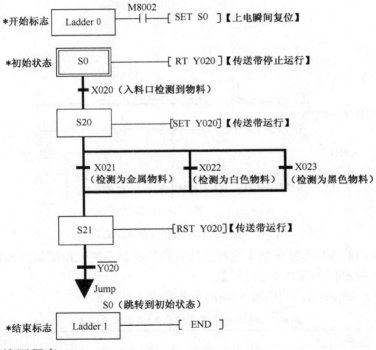

②利用状态图编写程序：

③利用指令编写程序：

0	LD	X020
1	SET	Y020
2	LD	X021
3	OR	X022
4	OR	0X23
5	OR	0X24
6	RST	Y020
7	END	

（4）将梯形图传入 PLC。

（5）调试、运行。

任务三　物料分拣机构的程序设计

【控制要求】已知某企业的材料分拣系统示意图（如图 8-6 所示），工作原理如下：从入料口放入物料，传送带落料处的光电传感器检测到有物体放入后，变频器驱动三相异步电动机，拖动传送带运行。若为金属物料被输送至金属传感器检测位置并且推料气缸 I 处在缩回限位时，传送带停止，同时推料气缸 I 将物料推入料槽 I，当伸出限位传感器检测到推料气缸 I 伸出时，推料气缸 I 缩回。若为白色物料，待传送到白色物料检测传感器位置并且推料气缸 II 处在缩回限位时，传送带停止，同时推料气缸 II 动作，将物料推入料槽 II，当伸出限位传感器检测到推料气缸 II 伸出时，推料气缸 II 缩回。若为黑色物料，待传送到黑色物料检测传感器位置并且推料气缸 III 处在缩回限位时，传送带停止，同时推料气缸 III 动作，将物料推入料槽 III，当伸出限位传感器检测到推料气缸 III 伸出时，推料气缸 III 缩回。

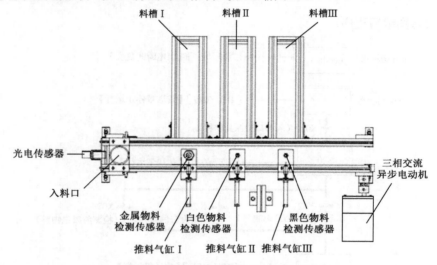

图 8-6　某企业的材料分拣系统示意图

【物料分拣机构的控制系统分析】物料分拣机构的控制系统流程图如图 8-7 所示。

【物料分拣机构控制系统的实施过程】

（1）根据以上控制要求，列出输入/输出点分配表（见表 8-2）。

表 8-2　物料分拣机构的输入/输出点分配表

输　入		输　出	
名　　称	输　入　点	名　　称	输　出　点
入料口检测传感器	X20	三相异步电动机运行	Y20
金属物料伸出限位传感器	X12	推料气缸 I	Y11
金属物料缩回限位传感器	X13	推料气缸 II	Y12
白色物料伸出限位传感器	X14	推料气缸 III	Y13
白色物料缩回限位传感器	X15		
黑色物料伸出限位传感器	X16		
黑色物料缩回限位传感器	X17		
金属物料检测传感器	X21		
白色物料检测传感器	X22		
黑色物料检测传感器	X23		
停止按钮 SB5	X24		

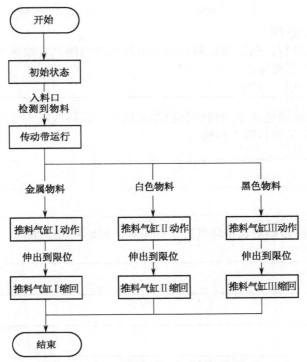

图 8-7 物料分拣机构的控制系统流程图

（2）外部接线（如图 8-8 所示）。

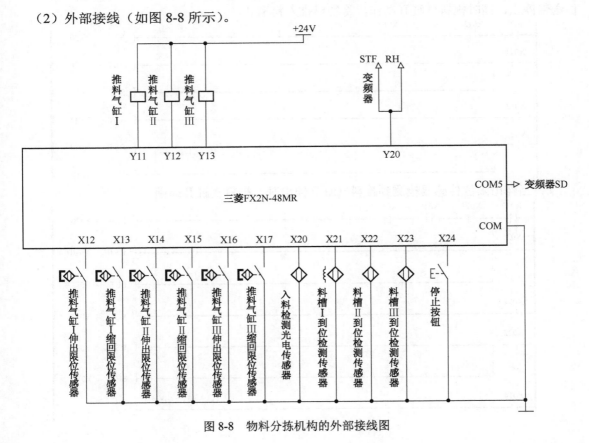

图 8-8 物料分拣机构的外部接线图

（3）编写程序。

①利用梯形图编写程序。

a）从入料口放入物料，传送带落料处的光电传感器检测到有物体放入后，变频器驱动三相异步电动机，拖动传送带运行。

```
 X020   X013   X015   X017
──┤├────┤├────┤├────┤├────────────────────────[ SET    Y020 ]
```

b）若为金属物料被输送至金属传感器检测位置并且推料气缸Ⅰ处在缩回限位时，传送带停止，同时推料气缸Ⅰ将物料推入料槽Ⅰ。

```
 X020   X013   X015   X017
──┤├────┤├────┤├────┤├────────────────────────[ SET    Y020 ]
 X021
──┤├──┬─────────────────────────────────────[ RST    Y020 ]
      │
      └─────────────────────────────────────[ SET    Y011 ]
```

c）当伸出限位传感器检测到推料气缸Ⅰ伸出时，推料气缸Ⅰ缩回。

```
 X020   X013   X015   X017
──┤├────┤├────┤├────┤├────────────────────────[ SET    Y020 ]
 X021
──┤├──┬─────────────────────────────────────[ RST    Y020 ]
      │
      └─────────────────────────────────────[ SET    Y011 ]
 X012
──┤├────────────────────────────────────────[ RST    Y011 ]
```

d）若为白色物料，待传送到白色物料检测传感器位置并且推料气缸Ⅱ处在缩回限位时，传送带停止，同时推料气缸Ⅱ动作，将物料推入料槽Ⅱ。

```
 X020   X013   X015   X017
──┤├────┤├────┤├────┤├────────────────────────[ SET    Y020 ]
 X021
──┤├──┬─────────────────────────────────────[ RST    Y020 ]
      │
      └─────────────────────────────────────[ SET    Y011 ]
 X012
──┤├────────────────────────────────────────[ RST    Y011 ]
 X022
──┤├──┬─────────────────────────────────────[ RST    Y020 ]
      │
      └─────────────────────────────────────[ SET    Y012 ]
```

e）当伸出限位传感器检测到推料气缸Ⅱ伸出时，推料气缸Ⅱ缩回。

```
 X020   X013   X015   X017
──┤├────┤├────┤├────┤├────────────────────────[ SET    Y020 ]
 X021
──┤├──┬─────────────────────────────────────[ RST    Y020 ]
      │
      └─────────────────────────────────────[ SET    Y011 ]
 X012
──┤├────────────────────────────────────────[ RST    Y011 ]
 X022
──┤├──┬─────────────────────────────────────[ RST    Y020 ]
      │
      └─────────────────────────────────────[ SET    Y012 ]
 X014
──┤├────────────────────────────────────────[ RST    Y012 ]
```

f）若为黑色物料，待传送到黑色物料检测传感器位置并且推料气缸Ⅲ处在缩回限位时，传送带停止，同时推料气缸Ⅲ动作，将物料推入料槽Ⅲ。

```
 X020   X013   X015   X017
──┤├─────┤├─────┤├─────┤├──────────────────────[ SET   Y020 ]

 X021
──┤├────┬─────────────────────────────────────[ RST   Y020 ]
        │
        └─────────────────────────────────────[ SET   Y011 ]

 X012
──┤├──────────────────────────────────────────[ RST   Y011 ]

 X022
──┤├────┬─────────────────────────────────────[ RST   Y020 ]
        │
        └─────────────────────────────────────[ SET   Y012 ]

 X014
──┤├──────────────────────────────────────────[ RST   Y012 ]

 X023
──┤├────┬─────────────────────────────────────[ RST   Y020 ]
        │
        └─────────────────────────────────────[ SET   Y013 ]
```

g）当伸出限位传感器检测到推料气缸Ⅲ伸出时，推料气缸Ⅲ缩回。

```
 X020   X013   X015   X017
──┤├─────┤├─────┤├─────┤├──────────────────────[ SET   Y020 ]

 X021
──┤├────┬─────────────────────────────────────[ RST   Y020 ]
        │
        └─────────────────────────────────────[ SET   Y011 ]

 X012
──┤├──────────────────────────────────────────[ RST   Y011 ]

 X022
──┤├────┬─────────────────────────────────────[ RST   Y020 ]
        │
        └─────────────────────────────────────[ SET   Y012 ]

 X014
──┤├──────────────────────────────────────────[ RST   Y012 ]

 X023
──┤├────┬─────────────────────────────────────[ RST   Y020 ]
        │
        └─────────────────────────────────────[ SET   Y013 ]

 X016
──┤├──────────────────────────────────────────[ RST   Y013 ]

───────────────────────────────────────────────[ END ]
```

②利用状态图编写程序：

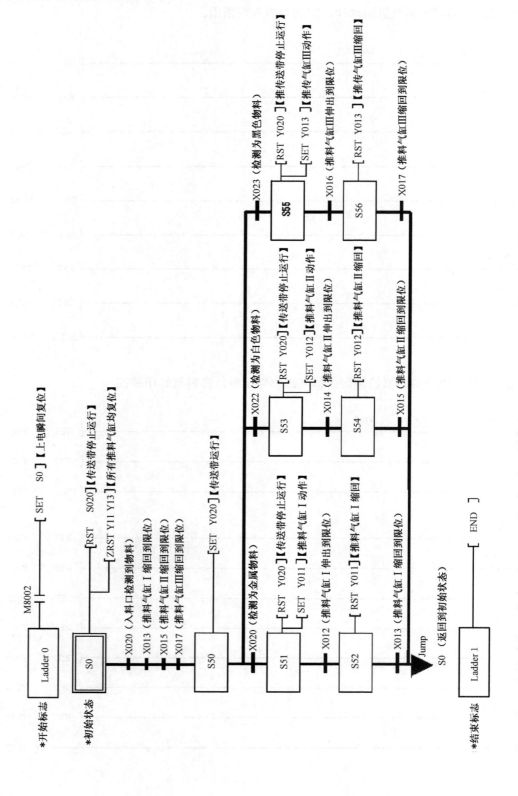

③利用指令编写程序：

0	LD	X020
1	AND	X013
2	AND	X015
3	AND	X017
4	SET	Y020
5	LD	X021
6	RST	Y020
7	SET	Y011
8	LD	X012
9	RST	Y011
10	LD	X022
11	RST	Y020
12	SET	Y012
13	LD	X014
14	RST	Y012
15	LD	X023
16	RST	Y020
17	SET	Y013
18	LD	X016
19	RST	Y013
20	END	

（4）将程序传入 PLC。

（5）调试、运行。

课后思考题

（1）如图 8-9 所示，按下启动按钮，传送带 A 启动，当传感器 I 检测到物体时，传送带 B 也启动。当物体离开传感器 I，传送带 A 停止；当物体从传感器 II 离开时，传送带 B 停止。按下停止按钮，在完成当前的物体运输后，传送带停止。

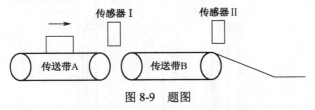

图 8-9　题图

（2）某生产系统（如图 8-10 所示）。设置启动按钮 SB5。点动 SB5，系统启动，进入分拣状态，系统运行工作指示灯 HL2 发光。从放料孔放入物料，传送带落料处的光电传感器检测到有物体放入后，变频器驱动三相异步电动机，以 11Hz 的频率，拖动传送带运行；在点动 SB5 后，如果在 10s 内光电传感器没有检测到物料放入，指示灯 HL3 以亮 1s 停 1s 的形式报警，直到光电传感器检测到物料放入，HL3 熄灭。变频器驱动三相异步电动机，以 11Hz 的频率，拖动传送带运行。

当物料被输送至电感传感器检测位置时，若为金属，则传送带停止运行，延时 1.5s 后对应分拣金属的气缸动作，将物料推入金属料槽，分拣金属的气缸缩回到位后，传送带以 11Hz 的频率重新运行；若为塑料，则传送带不停止，待传送到电容传感器的检测位置时，传送带停止，延时 1.5s 后对应分拣塑料的气缸动作，将物料推入塑料料槽，分拣塑料的气缸缩回到位后，传送带以 11Hz 的频率重新运行。

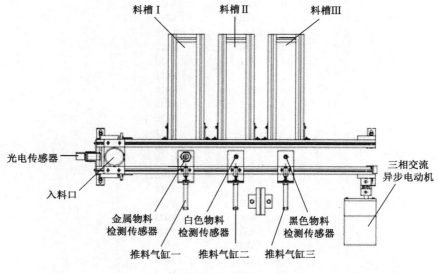

图 8-10　题图

（3）如图 8-11 所示的系统准备好后，按下启动按钮 SB5，系统启动，运行指示灯 HL1 长亮。当进料口侧的传感器 V 检测到有工件从进料口放上皮带输送机时，皮带输送机由位置 A 向位置 C 的方向运行。

若是金属工件,加工时间为 3s,若是白色塑料工件,加工时间为 2s,若是黑色塑料工件,加工时间为 1s。如果检测通过，则分别推入斜槽 I、II 和 III。如果检测不能通过，则按下按钮 SB4，表示该工件是次品，这时皮带输送机把该工件送到 D 处然后停止。按下停止按钮 SB6，设备停止运行。

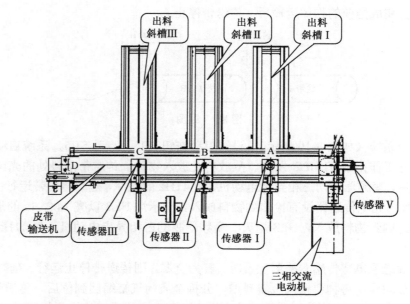

图 8-11　题图

（4）某企业的生产线（如图 8-12 所示）为适应生产任务的不同，将转换开关 SA1 的旋钮置于"左"位置，为工作方式一。生产线完成第一个生产任务后，终端设备按工作方式一运行，进行合格零件与不合格零件的分拣。

将转换开关SA1旋到"左"位置时，工作方式一运行，指示灯HL1亮，指示设备的状态为工作方式一。这时按下按钮SB5，三相交流异步电动机以20Hz的频率正转启动，拖动皮带输送机运行的同时，指示灯 HL2 亮，指示可以从进料口放入零件。生产线加工完毕的零件通过进料口放在传送带上，指示灯HL2熄灭。

传送带上的零件到达位置Ⅰ时，若电感式接近开关检测到的零件是合格的（试件为金属件），则皮带输送机停止，气缸 A 活塞杆伸出将合格零件从位置Ⅰ推入出料斜槽 1，推料气缸A 的活塞杆缩回到位后，三相交流异步电动机以20Hz的频率重新正转启动，指示灯 HL2 发光，等待从进料口放入零件；若电感式接近开关检测到的零件不合格（试件为塑料件），则传送带上的零件到达位置Ⅱ时，皮带输送机停止，由气缸 B 活塞杆伸出，将不合格的零件从位置Ⅱ推入出料斜槽 2，推料气缸 B 的活塞杆缩回到位后，三相交流异步电动机以 20Hz 的频率重新正转启动，指示灯 HL2 发光，等待从进料口放入零件。

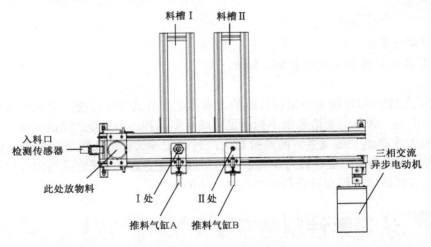

图 8-12　某企业的生产线

项目九　柔性加工系统的设计

项目要求

认识柔性制造系统。

学会 PLC 控制定量加工及配套加工系统。

【设计背景】激烈的市场竞争迫使传统的大规模生产方式发生改变，要求对传统的零部件生产工艺加以改进。传统的制造系统不能满足市场对多品种、小批量产品的需求，这就使系统的柔性对系统的生存越来越重要。随着批量生产时代正逐渐被适应市场动态变化的生产所替换，一个制造自动化系统的生存能力和竞争能力在很大程度上取决于它是否能在很短的开发周期内，生产出较低成本、较高质量的不同品种产品的能力。

任务一　认识柔性制造系统

知识链接

　　柔性制造系统的英文名称为 Flexible Manufacturing System，简称 FMS。其定义是在成组技术的基础上，以多台（种）数控机床或数组柔性制造单元为核心，通过自动化物流系统将其连接，统一由主控计算机和相关软件进行控制和管理，组成多品种变批量和混流方式生产的自动化制造系统。

　　柔性主要包括以下几点。

　　（1）机器柔性。当要求生产一系列不同类型的产品时，机器随产品变化而加工不同零件的难易程度。

　　（2）工艺柔性。一是工艺流程不变时自身适应产品或原材料变化的能力；二是制造系统内为适应产品或原材料变化而改变相应工艺的难易程度。

　　（3）产品柔性。一是产品更新或完全转向后，系统能够非常经济和迅速地生产出新产品的能力；二是产品更新后，对老产品有用特性的继承能力和兼容能力。

　　（4）维护柔性。采用多种方式查询、处理故障，保障生产正常进行的能力。

（5）生产能力柔性。当生产量改变，系统也能经济运行的能力。对于根据订货而组织生产的制造系统，这一点尤为重要。

（6）扩展柔性。当生产需要的时候，可以很容易地扩展系统结构，增加模块，可以构成一个更大系统的能力。

（7）运行柔性。利用不同的机器、材料、工艺流程来生产一系列产品的能力和同样的产品换用不同工序加工的能力。

柔性制造系统是有一个由计算机集成管理和控制的，用于高效率地制造中小批量、多品种零部件的自动化制造系统。它具有多个标准的制造单元，具有自动上、下料功能的数控机床。一套物料存储运输系统，可以在机床的装夹工位之间运送工件和刀具。FMS 是一套可编程的制造系统，以自动物料输送设备为核心，能在计算机的支持下实现信息集成和物流集成，它可同时加工具有相似形体特征和加工工艺的多种零件。本项目着重学习 PLC 控制系统中的物料传输系统。

任务二　PLC 控制定量加工系统

【控制要求】柔性制造系统的生产线可以根据用户的需要定量生产所需数量的产品。某企业的材料定量加工系统如图 9-1 所示，具体控制要求如下。

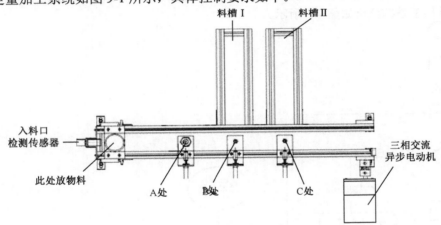

图 9-1　某企业的材料定量加工系统示意图

一、设备的启动

不满足初始要求时，设备不启动。给设备送电，设备应处于初始位置。

初始要求：急停按钮处于复位位置，各气缸的活塞杆均处于缩回状态，指示灯都熄灭，皮带输送机静止不动。

设备在满足初始要求的情况下，按下启动按钮，运行指示灯 HL1 亮。

二、正常工作

启动定量加工系统后，放入待加工产品进行定量加工。

1. 合格产品

若为合格产品，当运行到 A 处时加工 3s，加工完毕后传送带继续运行到 C 处，将加工后的成品推入料槽Ⅱ；由指示灯 HL2、HL3 以二进制数形式显示合格产品的加工个数，当定量加工 3 个合格产品后，指示灯 HL4 以 1Hz 的频率闪烁，10s 后闪烁停止进入下一个周期。

2．不合格产品

若是不合格产品，系统不对其加工，直接运行到 B 处推入料槽Ⅰ；当不合格产品达到 2 个时，指示灯 HL5 长亮提示操作人员。

三、正常停止及复位控制

（1）停止。按下停止按钮，各指示灯立刻熄灭，但其他设备必须待产品被推入相应料槽后才能停止运行。

（2）复位。系统对合格产品与不合格产品定量显示时，按下复位按钮，系统重新计数。

四、设备意外情况的处理

若因意外需要进行紧急停止时，可按下急停按钮（按下后锁死），此时设备应立刻停止运行，松开急停按钮重新运行后，设备应继续急停前的状态运行。

【定量加工系统分析】根据上述控制要求，将某定量加工系统的工作过程进行分析，如图 9-2 所示，定量加工系统分析如图 9-3 所示。

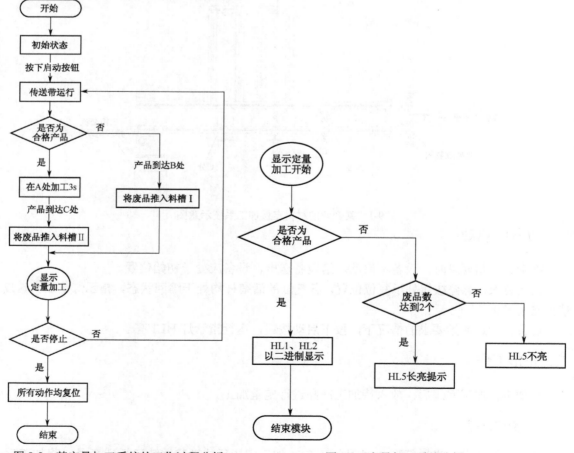

图 9-2　某定量加工系统的工作过程分析　　　　图 9-3　定量加工系统分析

【定量加工系统的实施过程】

（1）根据以上控制要求，列出输入/输出点分配表（见表 9-1）。

表 9-1　输入/输出点分配表

名　称	输 入 点	名　称	输 出 点
启动按钮	X0	推料气缸 I	Y12
停止按钮	X1	推料气缸 II	Y13
料槽 I 伸出限位传感器	X14	传送带运行	Y14
料槽 I 缩回限位传感器	X15	运行指示灯 HL1	Y20
料槽 II 伸出限位传感器	X16	指示灯 HL2	Y21
料槽 II 缩回限位传感器	X17	指示灯 HL3	Y22
入料口检测传感器	X20	指示灯 HL4	Y23
A 处检测传感器	X21	指示灯 HL5	Y24
B 处检测传感器	X22		
C 处检测传感器	X23		
复位按钮	X24		
急停按钮	X25		

（2）外部接线（如图 9-4 所示）。

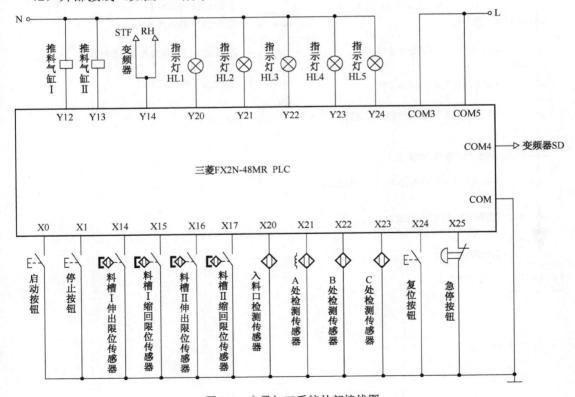

图 9-4　定量加工系统外部接线图

（3）编写程序。

利用状态图编写程序：

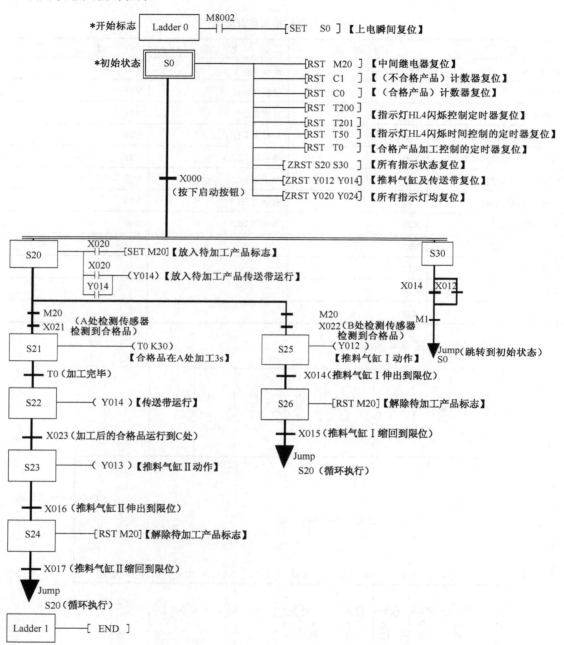

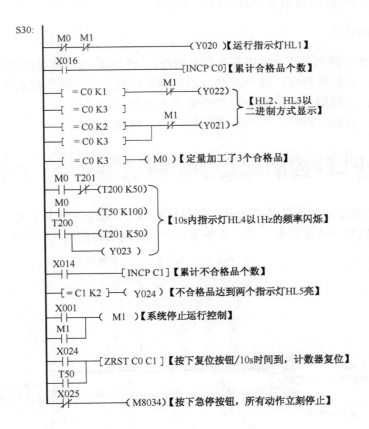

（4）将程序传入 PLC。

（5）调试、运行。

了解特殊辅助继电器

PLC 内部有很多特殊辅助继电器，以 FX2N 型 PLC 为例，从 M8000～M8255 共有 256 个特殊辅助继电器，可分成触点型和线圈驱动型两大类。

1. 触点型

线圈由 PLC 自动驱动，用户直接利用其触点（只读）控制相应的设备动作。例如：

（1）M8000：运行监控，仅在 PLC 运行时接通。M8001 与 M8000 的逻辑相反。

（2）M8002：初始脉冲（在 PLC 从 STOP 到 RUN 时，瞬间接通一个扫描周期），而 M8003 与其逻辑相反。

（3）M8011：产生 10ms 时钟脉冲的特殊继电器。

（4）M8012：产生 100ms 时钟脉冲的特殊继电器。

（5）M8013：产生 1s 时钟脉冲的特殊继电器。

（6）M8014：产生 1min 时钟脉冲的特殊继电器。

2．线圈驱动型

由用户编写程序驱动其线圈（但不使用其触点），使 PLC 执行特定的操作。如下所示。

（1）M8033：若线圈得电，则 PLC 停止时保持输出映象存储器和数据寄存器的内容。

（2）M8034：若线圈得电，则将 PLC 的输出全部禁止。

（3）M8039：若线圈得电，则 PLC 按指定的扫描时间工作。

任务三　PLC 控制配套加工系统

【控制要求】某企业的设备是将金属、塑料材质的工件配套加工后，传送到储存仓，并将废品直接推出的机电一体化设备。该设备各部分的位置及名称如图 9-5 所示。

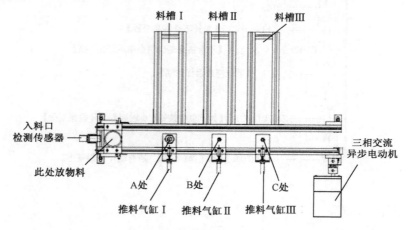

图 9-5　配套加工系统示意图

初始要求是：急停按钮处于复位位置，气缸Ⅰ、Ⅱ和Ⅲ的活塞杆均处于缩回状态，蜂鸣器、皮带输送机静止不动。不满足初始要求，设备不启动。

转换开关 SA1 转换旋钮在"左"位置时为工作方式一的工件加工控制系统；转换开关 SA1 转换旋钮在"右"位置时为工作方式二的工件配套控制系统。工作方式转换只能在设备启动前或者停止状态下进行，方式转换后工作方式之前的数据全部清零。

工作方式一：设备在满足初始要求的情况下，按下启动按钮 SB5，设备启动。设备处于工作方式一时，指示灯 HL1 长亮；若 10s 内，入料口检测不到物料，指示灯 HL2 以 2 次/s 的方式闪烁提示下料。

按下启动按钮 SB5，当待加工元件从入料口放上皮带输送机，入料口的传感器检测到待加工元件后，皮带输送机运行，当物料运行到 C 处后停止 2s 进行钻孔，加工完成后系统按照以下方式分拣：

（1）若在位置 C 钻孔的工件为金属物料或白色塑料工件，则完成加工后，皮带输送机反转将金属工件送到位置 A、白色塑料工件送到位置 B 停止，气缸Ⅰ或Ⅱ活塞杆伸出，将金属工件推入料槽Ⅰ、白色塑料工件推入料槽Ⅱ。

（2）若在位置 C 完成加工的是黑色塑料件，则完成加工后由气缸Ⅲ的活塞杆伸出将其推入料槽Ⅲ。

需要停止工作时，按下停止按钮 SB6。按下停止按钮 SB6 时，所有正在工作的部件，应完成当前工作后设备才能停止运行。

遇到意外情况，工作人员都应按下急停按钮 QS 使设备停止运行。QS 按下后，所有动作立刻停止运行同时蜂鸣器发出鸣叫。当故障排除后，工作人员将 QS 复位，再按下复位按钮 SB4，设备将在停止时保持的状态上继续运行。

工作方式二：设备在满足初始要求的情况下，按下启动按钮 SB5，设备启动；接着按下预设加工套数按钮 SB3 选定配套加工套数（最高设定 3 套），预设 1 套指示灯 HL3 亮，预设 2 套指示灯 HL4 亮，预设 3 套指示灯 HL3、HL4 均亮。预设套数完毕后，按下确定按钮 SB5。配套具体要求如下。

（1）推入料槽Ⅰ的元件为两个金属套件。

（2）推入料槽Ⅱ的元件为金属工件与白色工件的组合套件。推入料槽Ⅱ的同组套件，先推入金属工件，后推入白色工件。先满足料槽Ⅰ，再满足料槽Ⅱ。

（3）对不符合料槽Ⅰ和料槽Ⅱ分拣要求的，当做废料处理送到位置 C 推入料槽Ⅲ。当出现 3 个废料时，蜂鸣器发出短促鸣叫 5s 提示。需要停止工作时，按下停止按钮 SB6。按下停止按钮 SB6 时，所有正在工作的部件，应完成当前工作后设备才能停止运行。

【配套加工系统分析】根据上述控制要求，将配套加工系统的工作过程进行分析，如图 9-6 所示。

（1）配套加工系统工作方式一分析。

（2）配套加工系统工作方式二分析，如图 9-7 所示。

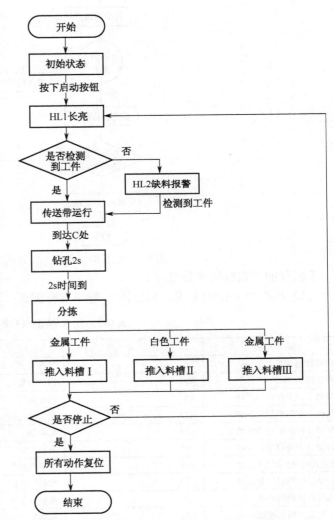

图 9-6　配套加工系统工作方式一的流程图

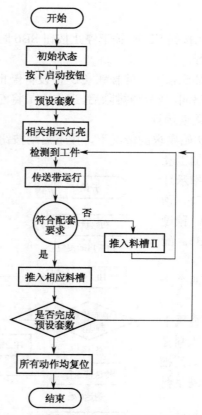

图 9-7　配套加工系统工作方式二的流程图

【配套加工系统的实施过程】

（1）根据以上控制要求，列出输入/输出点分配表（见表 9-2）。

表 9-2　输入/输出点分配表

名　称	输 入 点	名　称	输 出 点
启动按钮 SB5	X0	工作方式一指示灯 HL1	Y1
停止按钮 SB6	X1	缺料报警指示灯 HL2	Y2
料槽Ⅰ伸出限位传感器	X12	预设套数指示灯 HL3	Y3
料槽Ⅰ缩回限位传感器	X13	预设套数指示灯 HL4	Y4
料槽Ⅱ伸出限位传感器	X14	蜂鸣器	Y5
料槽Ⅱ缩回限位传感器	X15	推料气缸Ⅰ	Y11
料槽Ⅲ伸出限位传感器	X16	推料气缸Ⅱ	Y12
料槽Ⅲ缩回限位传感器	X17	推料气缸Ⅲ	Y13
入料口检测传感器	X20	传送带正转运行	Y20
A 位置检测传感器	X21	传送带反转运行	Y21
B 位置处检测传感器	X22		
C 位置检测传感器	X23		
转换开关 SA	X24		
急停按钮	X25		
复位按钮 SB4	X26		
预设套数按钮 SB3	X27		

（2）外部接线（如图 9-8 所示）。

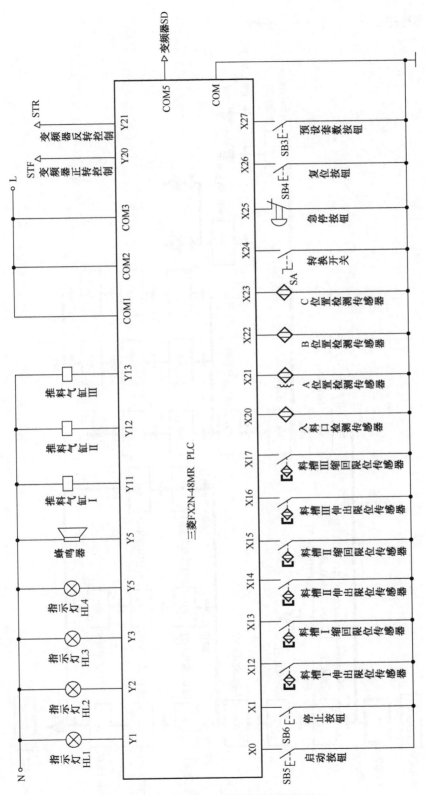

图 9-8　配套加工系统的外部接线图

（3）编写程序。

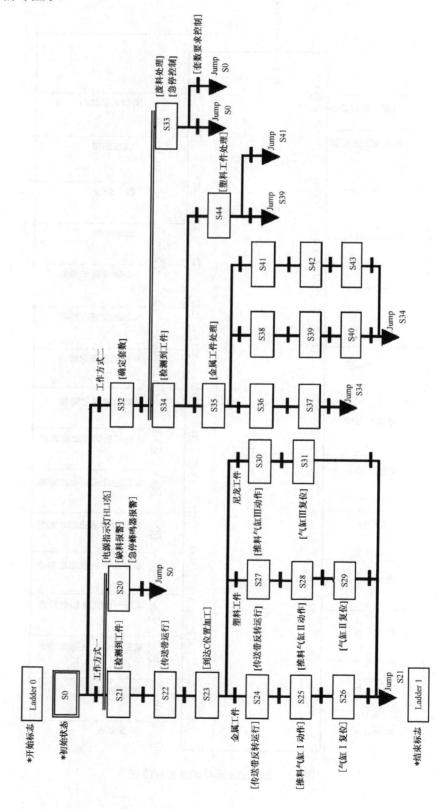

```
  M8002
───┤├──────────────────────────────────────────────────────[ SET    S0  ]

   S0
──┤STL├────────────────────────────────────────────────────[ ZRST   S20   S44 ]
   │
   ├───────────────────────────────────────────────────────[ ZRST   Y011  Y013 ]
   │
   ├───────────────────────────────────────────────────────[ ZRST   C0    C4  ]
   │
   ├───────────────────────────────────────────────────────[ ZRST   M0    M50 ]
   │
   ├───────────────────────────────────────────────────────[ ZRST   Y020  Y021 ]
   │
   ├───────────────────────────────────────────────────────[ ZRST   T200  T201 ]
   │
   ├───────────────────────────────────────────────────────[ ZRST   T0    T5  ]
   │
   │  X000   X024
   ├───┤├────┤/├──────────────────────────────────────────[ SET    S21 ]
   │              │
   │              └───────────────────────────────────────[ SET    S20 ]
   │
   │  X024   X000
   └───┤├────┤├────────────────────────────────────────────[ SET    S32 ]

   S21   X020
──┤STL├──┤├──┬──────────────────────────────────────────────( M0  )
   │     M0 │
   │     ┤├─┘
   │
   │     M0    M5
   ├─────┤├───┤/├──────────────────────────────────────────( Y020 )
   │
   │     M1
   ├─────┤├──┬──────────────────────────────────────────────[ SET    S22 ]
   │     M2  │
   │     ┤├──┤
   │     M3  │
   │     ┤├──┘
   │
   S20   M5
──┤STL├──┤/├────────────────────────────────────────────────( Y001 )
   │     X020
   ├─────┤/├────────────────────────────────────────────────( T0   K100 )
   │     T0    T201
   ├─────┤├───┤/├──────────────────────────────────────────( T200  K25 )
   │     T200
   ├─────┤├──┬──────────────────────────────────────────────( T201  K25 )
   │         │ M5
   │         └─┤/├────────────────────────────────────────( Y002 )
```

```
   X021
 ──┤├──────────────────────────────────────────────────[ SET    M1  ]

   X022    M1
 ──┤├──────┤/├─────────────────────────────────────────[ SET    M2  ]

   X023    M1     M2
 ──┤├──────┤/├─────┤/├───────────────────────────────────[ SET    M3  ]

   X001
 ──┤├──┬──────────────────────────────────────────────────(  M4  )
   M4  │
 ──┤├──┘

   X025
 ──┤/├──────────────────────────────────────────────────(  Y005 )

   X025
 ──┤├──────────────────────────────────────────────────[ SET    M5  ]

   X026
 ──┤├──────────────────────────────────────────────────[ RST    M5  ]

   X012              M4
 ──┤├──┬─────────────┤├─────────────────────────────────(  S0   )
   X014 │
 ──┤├──┤
   X016 │
 ──┤├──┤
   S21  │  M0
 ──┤├───┘──┤/├

  S32   X027
 ─┤STL├──┬─┤├─────────────────────────────────────────[ INCP   C0  ]
         │
         ├─[= C0    K1 ]───────────────────────────────[ SET    M10 ]
         │
         ├─[= C0    K2 ]──┬────────────────────────────[ SET    M11 ]
         │                └────────────────────────────[ RST    M10 ]
         │
         ├─[= C0    K3 ]──┬────────────────────────────[ SET    M12 ]
         │                └────────────────────────────[ RST    M11 ]
         │
         │ M10
         ├─┤├──┬──────────────────────────────────────(  Y004 )
         │ M12 │
         ├─┤├──┘
         │
         │ M11
         ├─┤├──┬──────────────────────────────────────(  Y003 )
         │ M12 │
         ├─┤├──┘
         │
         │ M10  X000
         ├─┤├──┤├──┬───────────────────────────────────[ SET    S34 ]
         │ M11     │
         ├─┤├──────┴───────────────────────────────────[ SET    S33 ]
         │ M12
         └─┤├──
```

```
  S22      M5                                                    ( Y020 )
─┤STL├────┤/├───────────────────────────────────────────────────
           X023
          ─┤ ├──────────────────────────────────────[ SET   S23 ]

  S34      X020                                                  ( M50 )
─┤STL├────┤ ├────────────────────────────────────────────────────
      │    M50
      └───┤ ├──┐
           M50      M36                                          ( Y020 )
          ─┤ ├─────┤/├──────────────────────────────────────────
           X021
          ─┤ ├──────────────────────────────────────[ SET   S35 ]
           X022
          ─┤ ├──────────────────────────────────────[ SET   S44 ]

  S33      X021
─┤STL├────┤ ├──────────────────────────────────────[ SET   M20 ]
           X022     M20
          ─┤ ├─────┤/├───────────────────────────────[ SET   M21 ]
           X012
          ─┤ ├───────────────────────────────────────[INCP   C1 ]
           X014
          ─┤ ├───────────────────────────────────────[INCP   C2 ]
                              M20
      [=  C1   K0 ]──────────┤ ├───────────────────────────( M22 )
                              M20
      [=  C1   K1 ]──────────┤ ├───────────────────────────( M23 )

      [=  C1   K2 ]──────────────────────────────────────( M24 )
                              M20      M22      M23
      [=  C2   K0 ]──────────┤ ├──────┤/├──────┤/├────────( M25 )
                              M21
      [=  C2   K1 ]──────────┤ ├───────────────────────────( M26 )

      [=  C2   K2 ]──────────────────────────────────────( M27 )
           X012
          ─┤ ├───────────────────────────────────[ INCP   C3 ]
           X014
          ─┤ ├──┘
                              M10
      [=  C3   K2 ]──────────┤ ├───────────────────────────( M30 )
                              M11
      [=  C3   K4 ]──────────┤ ├───────────────────────────( M31 )
                              M12
      [=  C3   K6 ]──────────┤ ├───────────────────────────( M32 )
```

```
    M24    M27
─────┤├─────┤├──────────────────────────────────────────[ ZRST    C1    C2 ]

    X016
─────┤├──────────────────────────────────────────────────[ INCP    C4 ]

  [=    C4    K3  ]───────────────────────────────────────────────( M35 )

    M35
─────┤├──────────────────────────────────────────────────────────( Y006 )

    M35
─────┤├──────────────────────────────────────────────────────( T3    K50 )

    T3
─────┤├───────────────────────────────────────────────────[ RST     C4 ]

    X025
─────┤/├──────────────────────────────────────────────────────────( Y005 )
    M35    M8012
─────┤├─────┤├──┘

    X025
─────┤/├─────────────────────────────────────────────────[ SET    M36 ]

    X026
─────┤├──────────────────────────────────────────────────[ RST    M36 ]

    X001
─────┤├────────────────────────────────────────────────────────( M37 )
    M37
─────┤├──┘

    M10    M36
─────┤├─────┤/├────────────────────────────────────────────────( Y004 )
    M12
─────┤├──┘

    M11    M36
─────┤├─────┤/├────────────────────────────────────────────────( Y003 )
    M12
─────┤├──┘

    M100
─────┤├────────────────────────────────────────────────[ RST    Y004 ]

    M100
─────┤├────────────────────────────────────────────────[ RST    Y003 ]

    X012           M37
─────┤├─────────────┤├──────────────────────────────────────────( S0 )
    X014
─────┤├──┘
    X016
─────┤├──┘
    S34    M50
─────┤├─────┤/├──┘
```

```
          M30                                          ( S0  )
          ─┤├──────────────────────────────────────────
          M31
          ─┤├─
          M32
          ─┤├─
          M33
          ─┤├─
          M34
          ─┤├─

  S23                                                  ( T1    K20 )
 ─┤STL├──────────────────────────────────────────────
          M1    T1                              [ SET    S24 ]
          ─┤├──┤├──────────────────────────────
          M2    T1                              [ SET    S27 ]
          ─┤├──┤├──────────────────────────────
          M3    T1                              [ SET    S30 ]
          ─┤├──┤├──────────────────────────────

  S35     M22                                   [ SET    S36 ]
 ─┤STL├──┤├──────────────────────────────────
          M23
          ─┤├─
          M25                                   [ SET    S38 ]
          ─┤├──────────────────────────────────
          M22    M23    M25                      [ SET    S41 ]
          ─┤/├──┤/├──┤/├───────────────────────

  S44     M26                                          ( S39 )
 ─┤STL├──┤├──────────────────────────────────────────
          M26                                          ( S41 )
          ─┤/├─────────────────────────────────────────

  S24     M5                                           ( Y021 )
 ─┤STL├──┤/├──────────────────────────────────────────
          X021                                  [ SET    S25 ]
          ─┤├──────────────────────────────────

  S27     M5                                           ( Y021 )
 ─┤STL├──┤/├──────────────────────────────────────────
          X022                                  [ SET    S28 ]
          ─┤├──────────────────────────────────

  S30     M5                                           ( Y013 )
 ─┤STL├──┤/├──────────────────────────────────────────
          X016                                  [ SET    S21 ]
          ─┤├──────────────────────────────────
```

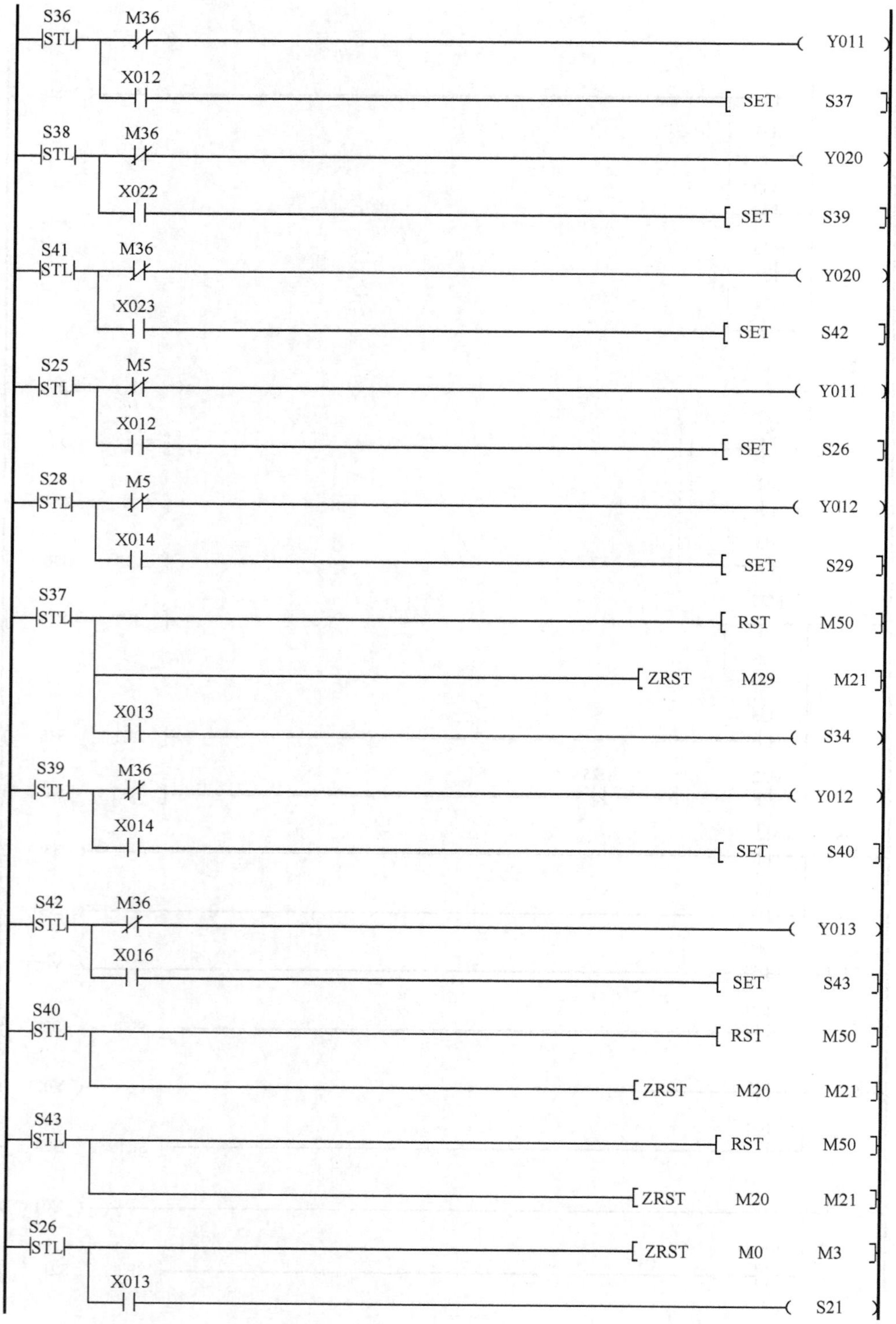
S36
STL
M36
Y011
X012
SET S37
S38
STL
M36
Y020
X022
SET S39
S41
STL
M36
Y020
X023
SET S42
S25
STL
M5
Y011
X012
SET S26
S28
STL
M5
Y012
X014
SET S29
S37
STL
RST M50
ZRST M29 M21
X013
S34
S39
STL
M36
Y012
X014
SET S40
S42
STL
M36
Y013
X016
SET S43
S40
STL
RST M50
ZRST M20 M21
S43
STL
RST M50
ZRST M20 M21
S26
STL
ZRST M0 M3
X013
S21

（4）将程序传入 PLC。

（5）调试、运行。

 课后思考题

（1）工件在传送系统的Ⅰ位置放到传送带上（如图 9-9 所示），当Ⅰ位置的光电传感器检测到工件后，传送带以低速（变频器输出频率为 15Hz）运行：

当检测到的工件为金属材料时，Ⅱ位置的直线气缸 A 就会将金属工件推出斜槽 D。

当检测到的工件为塑料材料时，Ⅲ位置的直线气缸 B 就会将塑料工件推出斜槽 E。

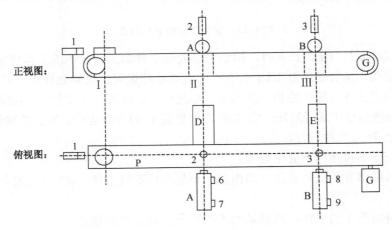

图 9-9　某传送系统示意图

①由按钮 SB4 作系统的待机控制，按下 SB4，系统进入待机状态，若此时各部件处于复位状态，待机指示灯（绿色）发光。只有在待机指示灯（绿色）正常发光后，系统才能开始下料运行。待机指示灯（绿色）只作系统通电后按下 SB4 的待机状态指示用，系统运行后应熄灭。

②系统应能保持连续运行，但为了节约能源，要求传送带在无工件时自动处于停机状态，等下料后再自行启动。

（注：传送带的无工件状态请自行通过时间实测来确定）

③由按钮 SB5 作系统的正常停止控制，按下 SB5，系统立刻提示停止下料（红色指示灯发光），同时系统在完成传送带上的工件分拣后停机。

④下料时，要求工件每隔 2s 下料一次（每次下料一个），以保证工件的分拣。每次下料后，停止下料指示灯（红色）都会发光，每次发光 2s 后熄灭；红色指示灯熄灭的同时下料指示灯（黄色）发光，提示可以下料。但若在黄色指示灯发光 3s 后仍未下料，黄色指示灯就会发生闪烁（每秒闪光 2 次），以提示缺料，直至下料后才恢复正常指示。

⑤直线气缸的动作要用气缸上的磁性传感器来控制。若气缸活塞杆伸出 1.5s 后仍未能退回，则蜂鸣器会以每秒 1 次的频率发出鸣叫警告。

（2）某生产线分拣设备如图 9-10 所示，通电后，双色警示灯闪亮，提示工件分拣设备送电。

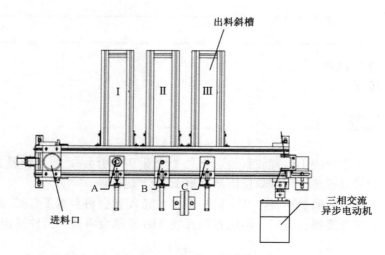

图 9-10　某生产线的分拣设备

当工作方式指示灯 HL2 长亮时，指示设备处在工件加工、分拣的工作状态。按下启动按钮 SB5，系统启动，运行指示灯 HL1 长亮，红色警示灯熄灭。进料允许指示灯 HL4 闪烁，表示可以从进料口将工件（零件毛坯）放到皮带输送机上。放入一个工件后，HL4 熄灭，表示禁止放料，皮带输送机以中速（25Hz）由位置 A 向位置 C 的方向运行。当工件输送到 C 位置时，皮带输送机停止 3s 对工件进行加工。

工件加工完毕后将按以下要求处理：

①推入出料斜槽 II 的工件必须满足由第一个是白色塑料工件，第二个是金属工件组合成的套件。

②推入出料斜槽 I 的工件必须满足为连续两个金属工件的套件。

③皮带输送机反方向输送工件时快速（35Hz）运行。工件到达推出位时，皮带输送机停止运行，推出气缸将工件推入槽后自动缩回。

④同时满足多个入槽要求工件优先入 II 槽，然后是 I 槽。

在设备运行状态下，按下停止按钮 SB6，设备应完成当前零件的加工、分拣、检测或处理，设备停止工作，运行指示灯 HL1 熄灭，红色警示灯闪亮。若没有转换工作方式，设备重新启动后继续工作。若转换工作方式，在重新启动前需清理出料斜槽上的工件。

设备运行过程中，若按下停止按钮，报警器鸣响，同时指示灯 HL1 由长亮变为闪烁，皮带输送机应在将当前零件推入相应斜槽后停止运行。待清理出料斜槽上的零件后，按下启动按钮 SB5，报警器停止鸣响，指示灯 HL1 恢复长亮。

（3）某加工系统（同图 9-10）的具体控制要求如下。

①系统的自检（SA1 至自检位置）

第一次上电，系统工作前必须确保各器件在原点位置，当不符合原点位置要求时，按下 SB1"复位"按钮，原位指示灯 HL5 长亮；再按下 SB1"复位"按钮，合理启动相应电磁阀使不在原点的气缸复位；如果系统都在原点，按下 SB1"复位"按钮，HL5 先长亮 2s 后转为以 2Hz 频率闪烁 3s 后 SA1 至自动位置，系统处于开始等待状态（原位要求：皮带输送机拖动电动机停转，三个单出杆气缸活塞杆缩回）。

当皮带输送机放料位置的漫射型光电传感器检测到工件 2s 后，放料指示灯 HL6 熄灭，拖动皮带输送机的交流电动机以 25Hz 的频率前进启动传送工件，变频器的爬坡时间为 0.5s，制动时间为 0.3s。

②加工要求

工件到达 A 位后，皮带停止，进行钻孔加工 2s，然后皮带输送机以 20Hz 的频率将工件送至 B 位后，皮带停止，进行攻丝加工 3s，然后皮带输送机以 25Hz 的频率将工件送至 C 位后皮带停止，进行装配加工 5s。装配加工完后，进行工件的检测、组装，皮带机正转频率为 20Hz，反转频率为 30Hz。

组装要求：在第一出料斜槽 A 位实现"甲/乙/甲"组装，由气缸 A 推入第一出料斜槽；在第二出料斜槽 B 位实现"乙/甲/乙"组装，由气缸 B 推入第二出料斜槽，既不符合"甲/乙/甲"又不符合"乙/甲/乙"组装要求的工件由气缸 C 推入第三出料斜槽。传送带前进频率为 20Hz，返回频率为 30Hz。在第一出料斜槽完成"甲/乙/甲"组装或在第二出料斜槽完成"乙/甲/乙"组装后，打包 4s，打包指示灯 HL7 以 1Hz 的频率闪亮，此时皮带停止，打包结束，打包指示灯 HL7 灭，系统又进入正常运行。

黑色塑料件丙为不合格工件，如果处理了 3 个连续的黑色塑料件，系统就自动停止。

③断电时的保护

突然断电，设备停止工作，机械手保持停电前的状态。恢复供电后，按下 SB2，设备应接着断电前所处的工作状态运行。

④设备的正常停止

设备在工作过程中，按下"停止"按钮 SB3，设备在完成当前机械手的搬运及分拣后，恢复到原位停止。

附录 A 常用电器设备图形符号及文字符号

名 称	图形符号	文字符号	名 称	图形符号	文字符号
三级开关			时间继电器	通电延时型：	KT
负荷开关		QS		断电延时型：	
隔离开关				延时闭合的动合触点：	
三相笼形异步电动机	3M			延时断开的动合触点：	
单相笼形异步电动机	1M	M		延时闭合的动断触点：	
三相绕线转子异步电动机	3M			延时断开的动断触点：	

名　称	图　形　符　号	文字符号	名　称	图　形　符　号	文字符号
接触器	线圈： 主触点： 辅助触点：	KM	动合按钮 （不闭锁）		SB
			动断按钮 （不闭锁）		
			旋钮开关、 旋转开关 （不闭锁）		SA
中间继电器	线圈：	KA	行程开关、 接近开关	动合触点： 动断触点： 对两个独立电路作双向机械操 作的位置或限制开关：	SQ
继电器触点	触点：	K、KA			
熔断器		FU			
断路器		QF	热继电器的热元 件		FR
			热继电器的动断 触点		

附录 B FX2N 系列 PLC 的指令系统表

助记符	名　称	可用元件	功能和用途
LD	取	X、Y、M、S、T、C	逻辑运算开始，用于与母线连接的常开触点
LDI	取反	X、Y、M、S、T、C	逻辑运算开始，用于与母线连接的常闭触点
LDP	取上升沿	X、Y、M、S、T、C	上升沿检测的指令，仅在指定元件上升沿时接通1个扫描周期
LDF	取下降沿	X、Y、M、S、T、C	下降沿检测的指令，仅在指定元件下降沿时接通1个扫描周期
AND	与	X、Y、M、S、T、C	和前面的元件或回路块实现逻辑与，用于常开触点串联
ANI	与反	X、Y、M、S、T、C	和前面的元件或回路块实现逻辑与，用于常闭触点串联
ANDP	与上升沿	X、Y、M、S、T、C	上升沿检测的指令，仅在指定元件的上升沿时接通1个扫描周期
OUT	输出	Y、M、S、T、C	驱动线圈的输出指令
SET	置位	Y、M、S	线圈接通保持指令
RST	复位	Y、M、S、T、C、D	清除动作保持；当前值与寄存器清零
PLS	上升沿微分指令	Y、M	在输入信号上升沿时产生1个扫描周期的脉冲信号
PLF	下降沿微分指令	Y、M	在输入信号下降沿时产生1个扫描周期的脉冲信号
MC	主控	Y、M	主控程序的起点
MCR	主控复位	—	主控程序的终点
ANDF	与下降沿	Y、M、S、T、C、D	下降沿检测的指令，仅在指定元件的下降沿时接通1个扫描周期
OR	或	Y、M、S、T、C、D	和前面的元件或回路块实现逻辑或，用于常开触点并联
ORI	或反	Y、M、S、T、C、D	和前面的元件或回路块实现逻辑或，用于常闭触点并联
ORP	或上升沿	Y、M、S、T、C、D	上升沿检测的指令，仅在指定元件的上升沿时接通1个扫描周期
ORF	或下降沿	Y、M、S、T、C、D	下降沿检测的指令，仅在指定元件的下降沿时接通1个扫描周期
ANB	回路块与	—	并联回路块的串联连接指令
ORB	回路块或	—	串联回路块的并联连接指令
MPS	进栈	—	将运算结果（或数据）压入栈存储器
MRD	读栈	—	将栈存储器第1层的内容读出
MPP	出栈	—	将栈存储器第1层的内容弹出
INV	取反转	—	将执行该指令之前的运算结果进行取反转操作
NOP	空操作	—	程序中仅作空操作运行
END	结束	—	表示程序结束

附录C 三菱FX系列PLC的基本指令符号

指 令	功 能	梯形图符号	步 数
LD	起始常开触点		1
LDI	起始常闭触点		1
LDP	起始上升沿触点		2
LDF	起始下降沿触点		2
OR	并联常开触点		1
ORI	并联常闭触点		1
ORP	并联上升沿触点		2
ORF	并联下降沿触点		2
AND	串联常开触点		1
ANI	串联常闭触点		1
ANDP	串联上升沿触点		2
ANDF	串联下降沿触点		2
ANB	并联回路块串联		1
ORB	串联回路块并联		1
MPS	运算存储	MPS	1
MRD	存储读出	MPD	1
MPP	存读复位	MPP	1
INV	触点取反		1
OUT	线圈输出		1～5
SET	置位线圈	[SET M0]	1～2
RST	复位线圈	[RST M0]	1～3
PLS	上升沿微分输出	[PLS M0]	2

续表

指　令	功　能	梯形图符号	步　数
PLF	下降沿微分输出	─┤ [PLF　　　M0]├	2
MC	主控线圈	─┤ [MC　　N0　　M2]├	3
MCR	主控复位线圈	─┤ [MCR　　　N0]├	2
NOP	空操作		1
END	程序结束	───┤ [END]├	2

参 考 文 献

[1] 周云水. 传感器应用易读通. 北京：中国电力出版社，2007.

[2] 杨少光，程周. 机电一体化设备组装与调试备赛指导. 北京：高等教育出版社，2010.

[3] 陈立定等. 电气控制与可编程序控制器的原理及应用. 北京：机械工业出版社，2008.

[4] 杨后川，张春平等. 三菱 PLC 应用 100 例. 北京：电子工业出版社，2011.

[5] 姜新桥，石建华等. PLC 应用技术项目教程. 北京：电子工业出版社，2010.

反侵权盗版声明

电子工业出版社依法对本作品享有专有出版权。任何未经权利人书面许可，复制、销售或通过信息网络传播本作品的行为；歪曲、篡改、剽窃本作品的行为，均违反《中华人民共和国著作权法》，其行为人应承担相应的民事责任和行政责任，构成犯罪的，将被依法追究刑事责任。

为了维护市场秩序，保护权利人的合法权益，我社将依法查处和打击侵权盗版的单位和个人。欢迎社会各界人士积极举报侵权盗版行为，本社将奖励举报有功人员，并保证举报人的信息不被泄露。

举报电话：（010）88254396；（010）88258888

传　　真：（010）88254397

E-mail： dbqq@phei.com.cn

通信地址：北京市万寿路 173 信箱

　　　　　电子工业出版社总编办公室

邮　　编：100036